最新
ITS認證
第二版

Python
Python Zero-based Course

零基礎入門班

含 ITS Python 國際認證模擬試題

ABOUT eHappy STUDIO

關於文淵閣工作室

常常聽到很多讀者跟我們說：我就是看您們的書學會用電腦的。是的！這就是我們寫書的出發點和原動力，想讓每個讀者都能看我們的書跟上軟體的腳步，讓軟體不只是軟體，而是提升個人效率的工具。

文淵閣工作室是一個致力於資訊圖書創作三十餘載的工作團隊，擅長用循序漸進、圖文並茂的寫法，介紹難懂的 IT 技術，並以範例帶領讀者學習程式開發的大小事。我們不賣弄深奧的專有名辭，奮力堅持吸收新知的態度，誠懇地與讀者分享在學習路上的點點滴滴，讓軟體成為每個人改善生活應用、提升工作效率的工具。舉凡應用軟體、網頁互動、雲端運算、程式語法、App 開發，都是我們專注的重點，衷心期待能盡我們的心力，幫助每一位讀者燃燒心中的小宇宙，用學習的成果在自己的領域裡發光發熱！

我們期許自己能在每一本創作中注入快快樂樂的心情來分享，也期待讀者能在這樣的氛圍下，快快樂樂的學習。

文淵閣工作室讀者服務資訊

如果您在閱讀本書時有任何問題，或是有心得想與所有人一起討論、共享，歡迎光臨文淵閣工作室網站，或者使用電子郵件與我們聯絡。

文淵閣工作室網站 **http://www.e-happy.com.tw**

服務電子信箱 **e-happy@e-happy.com.tw**

Facebook 粉絲團 **http://www.facebook.com/ehappytw**

總 監 製	鄧君如	責任編輯	邱文諒‧鄭挺穗‧黃信溢
監 督	鄧文淵‧李淑玲	執行編輯	邱文諒‧鄭挺穗‧黃信溢

前言

隨著資訊科技的發展與教育理念的變遷，世界各國為了增加競爭力也不斷修正調整資訊科技教育的目標與內涵。「運算思維」概念的出現重新闡述了資訊科學的內涵與資訊科技教育的意義，也成為貫穿整個資訊科學課程的主軸。

運算思維就是解決問題的方法。當人類面對複雜問題的產生時，進行問題拆解、模式分析，提取問題中的要素後，最後使用電腦、人類或兩者都可以理解的方式來呈現這些解決方案。程式語言即是實現運算思維最具體的行為！

Python 是一個執行功能強大，但語法簡潔優雅的程式語言，不僅容易學習，更容易應用實作在許多專題上！沒有複雜的結構，讓程式不僅易讀，而且更容易維護。Python 的應用範圍很廣，無論是資訊收集、資料分析、機器學習、自然語言處理、網站建置甚至是遊戲開發，都能看到它的身影。

本書以零基礎學習者的視角進行規劃，從最基本的最基本的環境架設開始說明，讓所有學習者都可以深入淺出一窺 Python 的奧妙。如果您覺得翻閱許多書籍難以掌握重點，上網收集資料卻又覺得太過片段而不能連貫，本書將是您最好的學習地圖。

資訊科技專家國際認證 (IT Specialist Certification，簡稱 ITS) 是 Certiport 針對有志成為 IT 技術研發人員所開發的國際專業應用技術認證。在 Python 的考題設計中，精準地將學習的內容系統性的化成六個重要的領域，學習者能在準備的過程中完整領略每個重點，除了作為專業技能上的有利佐證，並充分展現個人在職場上的競爭優勢。這個札實的基礎，能讓學習者在未來不同研究主題的探究時，帶來最有力的幫助！

在本書最後我們針對 ITS Python 的模擬試題進行了深度的整理，不僅根據考綱的規劃來加入試題內容，並且在每個題目前標示了本書相關章節的對應標示。學習者能在練習時有充足的參考資訊，除了幫助題目的理解，並加深對於題目的印象，能有效的提升學習效率。

學習程式語言，鍛練邏輯思維，就從 Python 開始吧！

文淵閣工作室

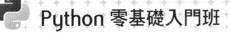

SUPPORTING MEASURE

學習資源說明

範例檔案

為了確保您使用本書學習的完整效果，並能快速練習或觀看範例效果，本書在範例檔案中提供了許多相關的學習配套供讀者練習與參考，請讀者線上下載。

1. **本書範例**：將各章範例的完成檔依章節名稱放置各資料夾中。

2. **延伸練習**：將各章節中的延伸練習完成檔依章節名稱放置各資料夾之中。

3. **綜合演練**：將各章節中的綜合演練參考解答與完成檔依章節名稱放置各資料夾之中。

4. **教學影片**：特別提供了 **Python 快速入門的 10 堂課** 影音教學影片，請依連結開啟單元進行參考及學習。

5. **ITS 國際認證模擬試題參考解答**

相關檔案可以在碁峰資訊網站免費下載，網址為：

http://books.gotop.com.tw/download/ACL071500

檔案為 ZIP 格式，讀者自行解壓縮即可運用。檔案內容是提供給讀者自我練習以及學校補教機構於教學時練習之用，版權分屬於文淵閣工作室與提供原始程式檔案的各公司所有，請勿複製做其他用途。

專屬網站資源

為了加強讀者服務，並持續更新書上相關的資訊的內容，我們特地提供了本系列叢書的相關網站資源，您可以由文章列表中取得書本中的勘誤、更新或相關資訊消息，更歡迎您加入我們的粉絲團，讓所有資訊一次到位不漏接。

藏經閣專欄　http://blog.e-happy.com.tw/?tag= 程式特訓班
程式特訓班粉絲團　https://www.facebook.com/eHappyTT

CONTENTS

本書目錄

Chapter

02

變數與運算式 – 不只先乘除後加減

變數建立時，應用程式就會配置一塊記憶體，並以變數名稱做為辨識此塊記憶體的標誌，設計者就可在程式中將各種資料存入使用。運算式包含了運算元與運算子，可以進行程式的運算動作。

Chapter

06

字典 - 為資料貼上標籤

字典資料型態，其元素是以「鍵 - 值」對方式儲存，運作方式為利用「鍵」來取得「值」。

函式與模組 – 簡化運算擴充功能的利器

在程式中通常會將具有特定功能或經常重複使用的程式，撰寫成獨立的小單元，
稱為函式。Python 擁有許多模組，可讓功能可以無限擴充。

運算思維與程式設計

1.1 認識運算思維

1.1.1 運算思維的出現

隨著現代科技突飛猛進的發展，處處皆影響著你我的生活，以往覺得遙遠的資訊名詞現在卻是貼近生活的一部份，例如：人工智慧、大數據、機器學習、物聯網…。

電腦無疑是科技進步中扮演的要角，因為其運算快速、計算精準、能處理大量的重複性資料，能協助我們快速高效的完成工作。日常生活中的通訊連絡、資料處理，甚至是金融交易、交通運輸…等與你我密不可分的生活大小事都必須倚賴電腦居中運惟。

即使電腦能擊敗圍棋高手，但它畢竟還是要依賴「人」給予正確、適當的指令。所謂的運算就是利用電腦一步步執行指令解決問題的過程，就像是數學家利用數學思維來證明數學定理、工程師用工程思維設計製造產品、藝術家用藝術思維創作詩歌、音樂、繪畫，意即是利用獨特的邏輯思維，提出方案解決問題。

2006 年 3 月，美國電腦科學家 Jeannette M. Wing 在 ACM 上發表了一份名為《運算思維》(Computational Thinking) 的文章，主張無論是否為電腦資訊相關的專家，一般人都應該學習電腦運算思考的技巧，讓運算思維能像閱讀、寫字、算術一樣成為每個人的基本技能。

1.1.2 什麼是運算思維？

所謂運算思維，就是運用電腦科學的基礎概念與思考方式，去解決問題時的思維活動。其中的重點包括了如何在電腦中描述問題、如何讓電腦通過演算法執行有效的過程來解決問題。電腦原本只是人們解決問題的工具，但當其已廣泛使用在每一個領域後，就能反過來影響人們的思維方式。因此，當運算思維普及到所有人的生活中，一般人也能利用電腦解決生活、工作中的問題。

如何以更有效率且更好的方式去解決問題，是你我都該學習的課題。訓練具有批判性思考能力去探索問題及理解問題的本質，學會如何解構問題，建立可被運作的模式，並在過程中培養邏輯思考的能力，善用電腦找到適合的演算方式及解決方案。唯有培養了這樣的能力，才能有自信地面對未來的所有挑戰。

1.1.3 運算思維的特色

運算思維，簡單來說就是用資訊工具解決問題的思維模式，可以在長期面對問題並找出解決方案的過程中，發展出解決問題的標準流程。經由運算思維的幫助，人類可以在發現問題後進行觀察陳述、分析拆解，找出規律產生原則，進而建立解題的方案，讓問題易於處理，所以有抽象化、具體化、自動化、系統化等特色。

Google for Education 定義運算思維為一個解決問題的過程，除了用於電腦應用程式的開發，也適用於其他知識領域，例如數學、科學。運算思維中的四個核心能力：

1. 拆解問題 (Decomposition)：將資料或問題拆解成較小的部分。

2. 發現規律 (Pattern Recognition)：觀察資料的模式、趨勢或規則等現象。

3. 歸納概念 (Abstraction)：歸納核心概念，找出產生模式的一般性原則。

4. 設計演算 (Algorithm Design)：建立一個解決相同或類似問題的步驟。

學習這四個核心能力後，日後就能運用這些技巧解決問題。這與過去傳統單向學習方式不同，因為運算思維能將問題解決標準化，能在有效率的執行中得到最佳的解決方案。就像認知發展裡的語言能力、記憶力及觀察力等，透過適當的訓練後就會是一輩子受用的工具。

Google 運算思維探索課程計劃網站

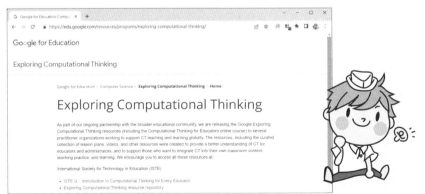

https://edu.google.com/resources/programs/exploring-computational-thinking/

Google 運算思維探索的課程計劃網站，提供教育工作者能更了解運算思維，並協助整合至教育者的教學現場，進行教學與學習。

1.2 程式設計是運算思維的體現

1.2.1 學習程式設計的重要性

程式設計的學習是實踐運算思維教學的重要途徑，透過撰寫程式，能將運算思維中抽象的運作方式，例如變數使用、流程控制、資料處理、迴圈、除錯等能力具體化。儘管運算思維並非等同於程式設計，但程式設計是創造運算作品的主要方式，讓學習者具體感受運算思維的展現。

許多研究開始探討如何利用程式設計教學培養問題解決能力與運算思維，課程設計著重在引導學習者利用運算思維解決問題。透過程式設計的學習，能讓學習者從中了解資訊系統的組成與運算原理，並能進一步分析評估問題、培養解決問題的能力。

1.2.2 各國程式設計課程的發展

程式設計的學習已儼然成為教育領域中的一個新風潮，也是教育趨勢中重要的指標。許多先進國家深知程式設計能力對國家競爭力的影響而紛紛大力倡導程式設計教學之重要性，如美國、英格蘭與澳洲等皆於國小階段即將程式設計納入資訊科技課程，台灣也已將程式設計納入十二年國教科技領域課綱，足見重視的程度。

程式設計未來將不再只侷限於少數資訊從業人員的應用，日後社會上各行業別的人都必須培養此重要技能。

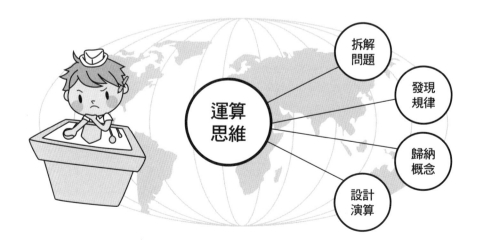

1.3 認識程式語言與程式設計

電腦是由硬體與軟體所建構而成，硬體就是機器實體，像是主機、螢幕、鍵盤、滑鼠，而軟體主要就是「程式」，用來指揮硬體進行所有工作。如果將電腦比擬成一個人，硬體就等於是人的身體，而軟體就是人的大腦，人的身體必須要有大腦來主導才能行動，而電腦的硬體就必須要有軟體的程式控制，才能進行工作的處理。

認識程式語言

電腦的基本構成是一大群極小的電子開關，只要將這些開關設定成不同的組合，就能讓電腦執行作業。但是電腦並不懂人類的語言，它只認識 0 與 1 來代表開關的啟停，雖然效率極高，但對於人類來說實在是太難以理解了！所以如果要進行溝通，人類就必須利用程式語言進行轉譯的動作，將程式由自然語言轉為電腦看得懂的指令進行工作。

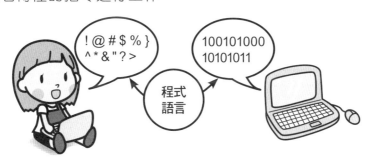

程式設計的運作模式

簡單來說：程式設計 (programming)，是針對電腦要解決的問題提供處理方式的過程，也是軟體開發時的重要步驟。程式設計必須以某種程式設計語言為工具，依照語法的規定與功能安排執行工作的順序與流程，控制電腦進行相關的工作。程式設計過程應包括分析問題、設計流程、程式編碼、功能測試、程式除錯等不同階段，設計時必須根據問題的需求，依照上述的階段進行，一直到問題解決為止。

1.4 Python 程式語言簡介

Python 程式語言是由吉多范羅蘇姆 (Guido van Rossum) 所創建,是一種物件導向、直譯式的電腦程式語言。根據一些較權威的機構如 IEEE、CodeEval 統計,Python 與 C、Java 為目前最受歡迎的程式語言前三名。

1.4.1 Python 程式語言發展史

在 80 年代,IBM 和蘋果公司掀起了個人電腦浪潮,但當時個人電腦的配置很低階,例如早期的蘋果個人電腦只有 8MHz 的 CPU 和 128KB 的 RAM 記憶體,因此所有編輯器的主要工作是做優化,以便讓程序能夠運行。為了增進效率,程式語言(如 C、Pascal 等)也迫使程式設計師像電腦一樣思考,以便能寫出更符合機器口味的程序。在那個時代,程式設計師恨不得能搾取電腦每一寸的能力,然而這樣的需求卻導致程式語言更加艱澀。

1989 年 12 月,吉多范羅蘇姆於荷蘭國家數學及計算機科學研究所開發出 Python 程式語言,Python 擁有 C 語言的強大功能,能夠全面調用電腦的各種功能接口,同時容易學習及使用,又具備良好的擴展性。1991 年推出第一個 Python 編輯器後,受到廣大程式設計師的喜愛。

Python 2.0 於 2000 年 10 月 16 日發布,實現了完整的垃圾回收,並且支援 Unicode。同時,整個開發過程更加透明,社群對開發進度的影響逐漸擴大。

Python 3.0 於 2008 年 12 月 3 日發布,此版不完全相容之前的 Python 原始碼。不過,很多新特性後來也被移植到舊的 Python 2.x 版本。

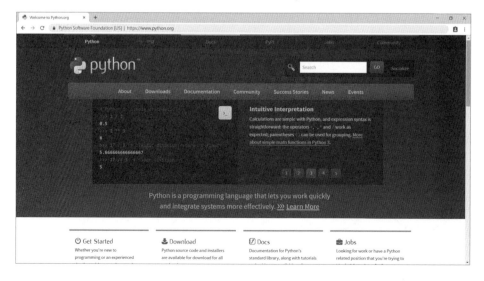

1.4.2 **Python 程式語言的特色**

Python 語言會受到如此多程式設計師的青睞，當然有其獨到之處。下面將詳述 Python 程式語言的特色，讓讀者了解 Python 的威力與定位，進而能將 Python 發揮的更徹底，同時也堅定大家使用 Python 的決心。

- **簡單易學**：Python 的語法很簡單，閱讀一個良好的 Python 程式就像是讀英語一樣，但不同的是 Python 的語法要求非常嚴格！學習時能更專注於解決問題而不是語言本身。

- **免費且開源**：Python 是一種自由並且開放原始碼軟體。換句話說，你可以自由地發布這個軟件的拷貝、閱讀原始碼、修改原始碼、把它的一部分用於新的自由軟體中。

- **高階程式語言**：Python 是一種高階程式語言，程式設計師撰寫程式時，無需考慮一些底層細節，例如如何管理記憶體等。

- **直譯式程式語言**：Python 語言寫的程式不需要編譯成二進位代碼，而是可以直接從原始碼運行。在電腦內部，Python 解譯器會把原始碼轉換成稱為字節碼的中間形式，再把它翻譯成電腦使用的機器語言並運行，這也使得 Python 程式更加易於移植。

- **可移植性**：由於 Python 的開源特性，Python 可以被移植在許多平臺上。如果設計者小心地避免使用依賴於系統的特性，那麼 Python 程式無需修改就可以在下列平臺上面運行：Linux、Windows、FreeBSD、Macintosh、Solaris、OS/2、Amiga、AROS、AS/400、BeOS、OS /390、z/OS、Palm OS、QNX、VMS、Psion、Acom RISC OS、VxWorks、PlayStation、Sharp Zaurus、Windows CE。

- **可嵌入性**：Python 語言可與 C 語言互相嵌入運用。設計者可以將部分程式用 C 或 C++ 撰寫，然後在 Python 程式中使用它們；也可以把 Python 程式嵌入到 C 或 C++ 程式中。

- **豐富且多元的模組**：Python 提供許多內建的標準模組，還有許多第三方開發的高品質模組。它可以幫助你處理各種工作，包括正規表達式、單元測試、資料庫、網頁瀏覽器、CGI、FTP、電子郵件、XML、XML-RPC、HTML、密碼系統、GUI（圖形用戶界面）等。

1.4.3 Python 程式語言的未來展望

Python 是一種簡潔、易讀、易學的高階程式語言,是目前最流行的程式語言。Python 語言並沒有把所有的特色和功能一開始就整合進核心程式碼中。相反地,它提供了豐富的 API 和各種工具,讓開發者可以使用 C、C++ 來擴充其模組,現在不僅累積了相當完整的標準程式庫模組,還有許多開發者和社群成員開發了豐富多樣的開源非標準模組。

Python 最強大的地方應該就是應用廣泛,Python 語言廣泛應用於:Web 應用開發、圖形界面開發、系統網路運用、網頁程式設計、人工智慧等,涉及領域非常多,可說是無處不在。由人力招募網站的資料統計,Python 人才就業率極高,同時其薪資待遇相當好。未來,Python 的發展前景非常看好,以下是一些關於 Python 未來的展望:

- **機器學習和人工智慧**:隨著人工智慧和資料科學的發展,對於需要快速開發和測試的數據分析項目來說,Python 將非常有用。同時,它也是目前機器學習模型的主要實現語言,這意味著 Python 將在機器學習領域繼續保持重要地位。

- **網絡開發**:Python 在網絡開發方面也非常有潛力。Python 有豐富的 Web 框架,例如 Django、Flask 等,是廣受歡迎且功能完整的網站開發框架,使用此框架來設置自己的開發環境和創造自己的網路應用,使得開發 Web 應用變得更加容易。

- **資料分析**:相較於 R 語言,Python 在記憶體和效能上有較佳的彈性,未來也方便朝分散式運算擴充。Python 擁有豐富的資料分析庫,例如 NumPy、Pandas、Matplotlib 等。隨著資料分析需求的不斷增加,Python 在這個領域的應用也將越來越廣泛。

- **自動化測試**:Python 在自動化測試方面也有很大的應用空間。Python 的語法簡潔,易於學習,可以快速編寫測試腳本程式。

- **優化性能**:Python 在處理大量資料時可能運行速度較慢,未來,隨著硬體和軟體技術的不斷進步,Python 的性能應該會越來越好。

總之,Python 的未來發展前景非常看好,它的優點是簡潔易讀、豐富的模組和生態系統、廣泛的應用領域等。隨著技術的發展,Python 的應用將變得越來越廣泛,相信 Python 在未來仍會是一種非常有價值的程式語言。

1.5 建置本機開發環境：使用 Anaconda

Python 可在多種平台開發執行，也有相當多相關的程式編輯器。本書以 Windows 系統做為開發平台並以 Anaconda 做為整合開發環境，不但包含超過 300 種常用的科學及資料分析模組，還內建許多實用的編輯器。

1.5.1 安裝 Anaconda 整合開發環境

Anaconda 整合開發環境擁有下列特點，使其成為初學者最適當的開發環境：

■ 內建眾多流行的科學、工程、數據分析的 Python 模組。

■ 完全免費及開源。

■ 支援 Linux、Windows 及 Mac 平台。

■ 支援 Python 2.x 及 3.x，且可自由切換。

■ 內建 Spyder 、jupyter notebook 等編輯器。

安裝 Anaconda 的步驟為：

1. 在瀏覽器開啟「https://www.anaconda.com/products/distribution」下載頁面，網頁會依據作業系統給予適當的安裝檔，按 **Download** 鈕下載。如果要下載其他版本，可點擊 **Get Additional Installers**。

2. 在下載的安裝程式上按滑鼠左鍵兩下開始安裝，於開始頁面按 **Next** 鈕，再於版權頁面按 **I Agree** 鈕。

3. 接著請依照設定畫面指示按 **Next** 及 **Install** 鈕開始安裝。安裝需要一段時間，最後按 **Finish** 鈕完成安裝。

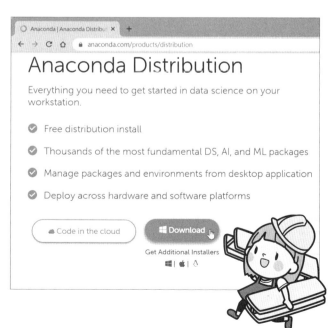

4. 設定環境變數：在環境變數中設定 Anaconda 執行路徑。執行 **設定 / 系統資訊 / 進階系統設定 / 環境變數**，於 **系統變數** 欄位點選 **Path** 後按 **編輯** 鈕。在 **編輯環境變數** 對話方塊中按 **新增** 鈕，輸入「C:\ProgramData\anaconda3」後按 **Enter** 鍵，再按 **新增** 鈕，輸入「C:\ProgramData\anaconda3\Scripts」，接著按 3 次 **確定** 鈕完成設定。

5. 在 **開始 / 所有程式 / Anaconda3** 資料夾中看到程式項目，較常使用的功能有 **Anaconda Navigator**、**Anaconda Prompt** 及 **Spyder**。

1.5.2 Anaconda Navigator

Anaconda Navigator 是 Anaconda 提供的圖形化使用者介面程式，讓您不用透過文字型的命令列程式，即可以在視窗中快速啟動應用程式、輕鬆管理安裝模組、建置虛擬環境和切換頻道。

執行 **開始 / 所有程式 / Anaconda3 (64-bit) / Anaconda Navigator** 即可開啟管理介面。在 **Home** 選項中顯示了已安裝的應用程式，只要按下 **Launch** 鈕即可啟動。其他未安裝的應用程式，可以按下 **Install** 鈕進行安裝。

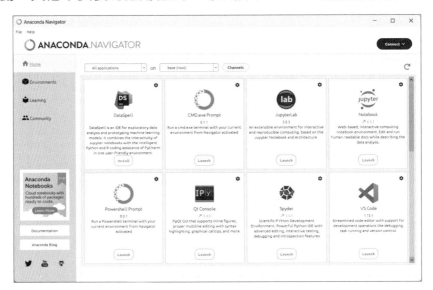

在 **Environments** 選項中顯示了目前環境安裝的模組、說明及版本。可以利用下方的工具列來管理虛擬環境，用來建置不同 **Python** 版本、安裝不同模組的環境，並可輕鬆切換，對於開發者來說相當方便。

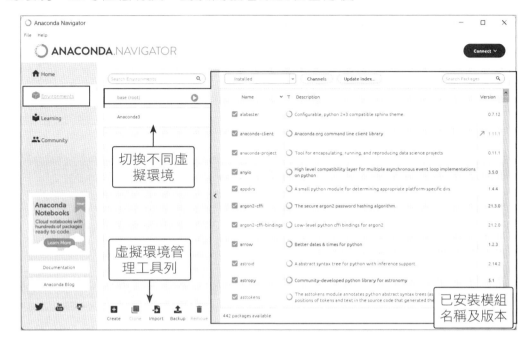

其他的 **Learning** 及 **Community** 項目提供了 **Python** 相關的教學資源以及社群網頁，您可以透過這二個項目的內容進行學習，或是透過社群的連結與其他的同好進行討論交流。

1.5.3 Anaconda Prompt

Anaconda Prompt 命令視窗類似 Windows 系統「命令提示字元」視窗，在輸入命令後按 **Enter** 鍵即可執行。

執行 **開始 / 所有程式 / Anaconda3 (64-bit) / Anaconda Prompt** 即可開啟 Anaconda Prompt 命令視窗。

Anaconda Prompt 最常使用的功能是管理模組。Python 最為程式設計師稱道的就是擁有數量龐大的模組，大部分功能都有現成的模組可以使用，不必耗費時間精力自行開發。可以由 Anaconda Prompt 中使用 conda 或是 pip 的命令進行模組的查詢、安裝、更新及移除的動作。

想要顯示 Anaconda 已安裝的模組可以使用 conda list 或 pip list 命令，例如：

```
conda list
```

命令視窗會按照字母順序顯示已安裝模組的名稱及版本：

conda 常用的指令如下：

1. 顯示安裝的模組及版本：conda list

2. 安裝模組：conda install 模組名稱

3. 更新模組：conda update 模組名稱

4. 移除模組：conda uninstall 模組名稱

pip 其他常用的指令如下：

1. 顯示安裝的模組及版本：pip list

2. 安裝模組：pip install 模組名稱

3. 更新模組：pip install -U 模組名稱

4. 移除模組：pip uninstall 模組名稱

1.6 Spyder 編輯器

Anaconda 內建 Spyder 做為開發 Python 程式的編輯器。在 Spyder 中可以撰寫及執行 Python 程式，Spyder 還提供了簡單智慧輸入及強悍的程式除錯功能。本書範例是以 Spyder 進行編輯與執行，另外，也可以使用下一節介紹的 Colab 進行實作。

1.6.1 啟動 Spyder 編輯器及檔案管理

執行 **開始 \ 所有程式 \ Anaconda3 (64-bit) \ Spyder** 即可開啟 Spyder 編輯器，編輯器左方為程式編輯區，可在此區撰寫程式；右上方為物件、變數、檔案瀏覽區；右下方為命令視窗區，包含 IPython 命令視窗，可在此區域用交談模式立即執行使用者輸入的 Python 程式碼；預設為 IPython 命令視窗，本書範例在此視窗顯示執行結果。

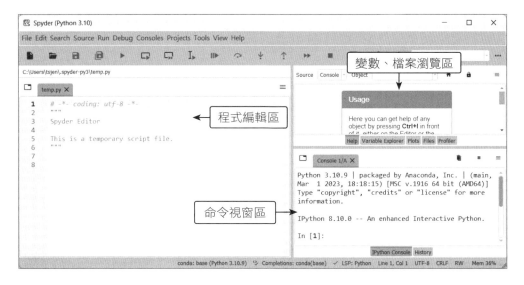

檔案開啟

啟動 Spyder 後，預設編輯的檔案為 <c:\users\ 電腦名稱 \.spyder-py3\temp.py>。若要建立新的 Python 程式檔，可執行 **File \ New fle** 或點選工具列 🗋 鈕，撰寫程式完成後要記得存檔。

要開啟已存在的 Python 程式檔，可執行 **File \ Open** 或點選工具列 📂 鈕，於 **Open file** 對話方塊點選檔案即可開啟。另一個快速的方法：由檔案總管中將檔案拖曳到 Spyder 程式編輯區就會開啟該檔案。

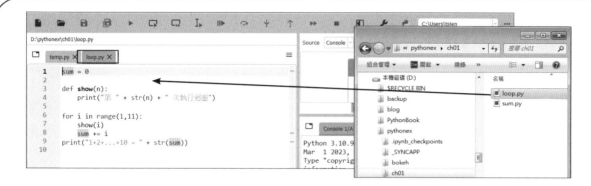

File (檔案瀏覽器) 面板

使用者編輯的檔案通常會在同一個資料夾中，每次都要拖曳檔案到 Spyder 程式編輯區實在是一件耗時的工作。Spyder 提供 **檔案瀏覽器** 面板讓使用者管理檔案，在 **檔案瀏覽器** 面板中即可快速開啟檔案。

在右上方面板區點選 **File** 頁籤切換到 **檔案瀏覽器** 面板，按右上角 📂 鈕開啟 **Select directory** 對話方塊選取資料夾後按 **選擇資料夾** 鈕。

在檔案名稱上按滑鼠左鍵兩下即可開啟檔案。

執行程式

執行 **Run \ Run** 或點選工具列 ▶ 鈕就會執行程式，執行結果會在命令視窗區顯示。

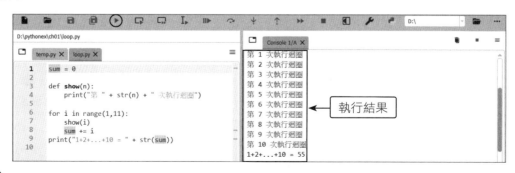

1.6.2 Spyder 簡易智慧輸入

Spyder 簡易智慧輸入功能與 IPython 命令視窗雷同，但操作方式比 IPython
命令視窗方便。使用者在 Spyder 程式編輯區輸入部分文字後按 **Tab** 鍵，系統
會列出所有可用的項目讓使用者選取，列出項目除了內建的命令外，還包括自
行定義的變數、函式、物件等。例如在 <loop.py> 輸入「s」後會顯示所有可
輸入項目，使用者可按「↑」、「↓」鍵移動或滑鼠滾輪移動項目，找到正確
項目按 **Enter** 鍵或按滑鼠左鍵兩下就完成輸入。例如輸入「show」：

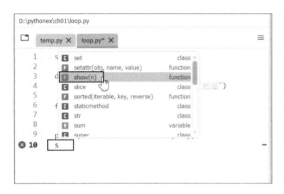 

1.6.3 程式除錯

如何除錯，一直是程式設計師困擾的問題，如果沒有良好的除錯工具及技巧，
日後當你面對較複雜的程式時就麻煩了。

於 Spyder 輸入 Python 程式碼時，系統會隨時檢查語法是否正確，若有錯誤
會在該列程式左方標示 ⊗ 圖示；將滑鼠移到 ⊗ 圖示片刻，會提示錯誤原因訊
息。

即使程式碼語法都正確，執行時仍可能發生一些無法預期的錯誤。Spyder 的
除錯工具相當強大，足以應付大部分除錯狀況。

首先為程式設定中斷點：點選要設定中斷點的程式列，按 **F12** 鍵；或將滑鼠移到要設定中斷點的程式列左方，此時會出現紅點，按一下滑鼠左鍵，程式列左方會顯示紅點，表示該列為中斷點。程式中可設定多個中斷點。

以除錯模式執行程式：點選工具列  鈕會以除錯模式執行程式，程式執行到中斷點時會停止 (中斷點程式列尚未執行)。於 Spyder 編輯器右上方區域點選 **Variable Explorer** 頁籤，會顯示所有變數值讓使用者檢視。

除錯工具列：Spyder 除錯工具列有各種執行的方式，如單步執行、執行到下一個中斷點等，程式設計師可視需求執行，配合觀察變數值達成除錯任務。

- ▶❙❙ : 以除錯方式執行程式。

- ↻ : 單步執行，不進入函式。

- ↓ : 單步執行，會進入函式。

- ↑ : 程式繼續執行，直到由函式返回或下一個中斷點才停止執行。

- ▶▶ : 程式繼續執行，直到下一個中斷點才停止執行。

- ■ : 終止除錯模式回到正常模式。

1.7 運用雲端開發環境：使用 Google Colab

Colaboratory 簡稱 Colab，是一個在雲端運行的程式開發平台，不需要安裝設定，並且能夠免費使用。

1.7.1 Colab 的介紹

Colab 無須下載、安裝或執行任何程式，即可以透過瀏覽器撰寫並執行 Python 程式，並且完全免費，尤其適合機器學習、資料分析和教育等領域。

Colab 的開發模式是提供雲端版的 Jupyter Notebook 服務，開發者無須設定即可使用，還能免費存取 GPU 等運算資源。Colab 預設安裝了一些做機器學習常用的模組，像是 TensorFlow、scikit-learn、pandas 等，在使用與學習時可直接應用！

在 Colab 中撰寫的程式是以筆記本的方式產生，預設是儲存在使用者的 Google 雲端硬碟中，執行時由虛擬機器提供強大的運算能力，不會用到本機的資源。

Colab 雖然提供免費資源，但為了讓所有人能公平地使用，系統會視情況進行動態的配置。Colab 的筆記本要連線到虛擬機器才能執行，最長生命週期可達 12 小時。閒置太久之後，筆記本與虛擬機器的連線就會中斷，此時只需再重新連接即可。但重新連接時，Colab 等於是新開一個虛擬機器，因此原先儲存於 Colab 虛擬機器的資料將會消失，要記得將重要檔案備份到 Google 雲端硬碟，以免重要資料付諸流水。

1.7.2 Colab 建立筆記本

登入 Colab

在瀏覽器開啟「https://colab.research.google.com」網頁進入 Colab，首次開啟時需要輸入 Google 帳號登入，完成後畫面會顯示筆記本管理頁面。預設是 **最近** 分頁，顯示最近有開啟的筆記本。**範例** 分頁是官方提供的範例程式，**Google 雲端硬碟** 分頁會顯示存在你 Google 雲端硬碟中的筆記本，**Git** 分頁可以載入存在 GitHub 中的筆記本，**上傳** 分頁面可以上傳本機的筆記本檔案。

新增筆記本

Colab 檔案是以「筆記本」方式儲存。在筆記本管理頁面按右下角 **新增筆記本**
就可新增一個筆記本檔案，筆記本名稱預設為 **Untitled0.ipynb**：

Colab 編輯環境是一個線上版的 Jupyter Notebook，操作方式與單機版
Jupyter Notebook 大同小異。點按 **Untitled0** 可修改筆記本名稱，例如此處
改為「firstlab.ipynb」。

Colab 預設檔案儲存位置

Colab 檔案可存於 Google 雲端硬碟，也可存於 Github。預設是存於登入者
Google 雲端硬碟的 <Colab Notebooks> 資料夾中。

開啟 Google 雲端硬碟，系統已經自動建立 <Colab Notebooks> 資料夾，開
啟資料夾就可見到剛建立的「firstlab.ipynb」筆記本。

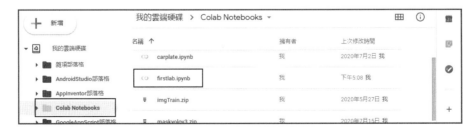

1.7.3 Colab 筆記本基本操作

程式碼儲存格的使用

在 Colab 筆記本中，無論是程式或是筆記都是放置在儲存格之中。預設會顯示程式碼儲存格，按 **+ 程式碼** 即可新增程式碼儲存格，按 **+ 文字** 即可新增文字儲存格。在儲存格的右上方會有儲存格工具列，可以進行儲存格上下位置調整、建立連結、新增留言、內容設定、儲存鏡像與刪除等動作。

首次執行程式前，虛擬機器並未連線。使用者可在程式儲存格中撰寫程式，按程式儲存格左方的 ▶ 圖示或按 **Ctrl + Enter** 執行程式，並將結果顯示於下方，此時系統也會自動連線虛擬機器並完成配置。按執行結果區左方的 ↻ 圖示會清除執行結果。

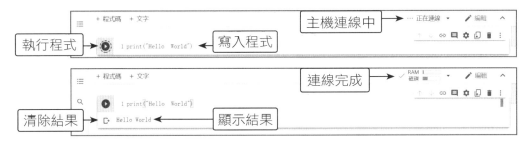

側邊欄的使用

在左方側邊欄有四個功能按鈕：**目錄**、**尋找與取代**、**程式碼片段**、**檔案**，點選即可開啟，再按一次或右上角的 × 圖示即可關閉。

虛擬機器的啟停與重整

開啟 Colab 筆記本時，預設沒有連接虛擬機器。按 **連線** 鈕連接虛擬機器。

有時虛擬機器執行一段時間後，其內容會變得十分混亂，使用者希望開啟全新的虛擬機器進行測試。按 **RAM/ 磁碟** 右方下拉式選單，再點選 **管理工作階段**。

於 **執行中的工作階段** 對話方塊按 **終止** 鈕，再按一次 **終止** 鈕，就會關閉執行中的虛擬機器。

此時 **連線** 鈕變為 **重新連線** 鈕，按 **重新連線** 鈕就會連接新的虛擬機器。

1.7.4 Colab 虛擬機器的檔案管理

Colab 筆記本的程式運行時，常會使用到其他相關的檔案，例如：用來讀取資料的文件檔，用來辨識的圖片檔，或是訓練後產生的模型檔，而這些檔案預設都可以放置在虛擬機器連線後的預設資料夾。

上傳檔案到虛擬機器

如果要將檔案上傳到虛擬機器中使用，可以按下 🖸 **上傳** 按鈕開啟視窗，選取要上傳的檔案。若是一次要上傳多個檔案，可以在選取時按著 **Ctrl** 鍵不放，選取所有要上傳的檔案，最後按下 **開啟** 鈕即可進行上傳。

因為虛擬機器若是重啟，所有執行階段上傳或生成的檔案都會刪除還原，所以會顯示詢息告知。按 **確定** 鈕後完成上傳，即可以看到該檔案。

虛擬機器檔案的管理功能

如果要針對上傳的檔案進行管理，可以按下檔名旁的 ⋮ 開啟選單，接著再選取要執行的動作。

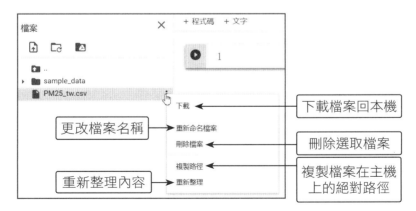

1.7.5 Colab 掛接 Google 雲端硬碟

Colab 除了可以使用虛擬機器上主機資料夾的檔案外，也可以將 Google 雲端硬碟掛接後進行使用。

連接 Google 雲端硬碟

Colab 筆記本掛接 Google 雲端硬碟的步驟：

1. 請按下側邊欄 **檔案** 分頁的 **掛接雲端硬碟** 鈕。

2. 請按 **連線至 Google 雲端硬碟** 鈕。

3. 掛接成功後會出現一個 \<drive\> 資料夾，其中的 \<MyDrive\> 資料夾，展開後即可看到目前登入帳號的 Google 雲端硬碟的內容。

Colab 使用 Google 雲端硬碟檔案

因為 Colab 筆記本運行時必須連線虛擬機器，當連線中斷或重新啟動時，儲存在其中的檔案或資料都會被刪除清空。所以如何將重要的檔案、文件與資料儲存到 Google 雲端硬碟裡，或是取用 Google 雲端硬碟裡的檔案就非常的重要。

在 Google 雲端硬碟中切換到 \<Colab Notebooks\> 資料夾，按左上方 **新增** 鈕，再點選 **檔案上傳**，於 **開啟** 對話方塊選擇要上傳的檔案即可將該檔案上傳到雲端硬碟的 \<Colab Notebooks\> 資料夾，上傳後可在 Google 雲端硬碟看到該檔案。

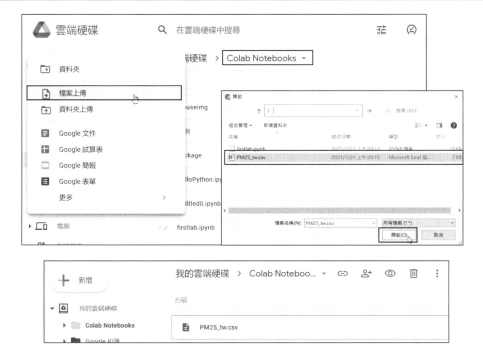

Google 雲端硬碟檔案的絕對路徑位於：

```
/content/drive/My Drive/Colab Notebooks/ 檔案名稱
```

例如前面上傳的檔案為：

```
/content/drive/My Drive/Colab Notebooks/PM25 _ tw.csv
```

1.7.6 執行 Shell 命令：「!」

Colab 允許使用者執行 Shell 命令與系統互動，只要在「!」後加入命令語法，格式為：

```
!shell 指令
```

其中用於管理 Python 模組的命令：「pip」就是一個相當重要的命令。例如要安裝用於下載 YouTube 影片的 pytube 模組的命令為：

```
!pip install pytube
```

如果想要查看系統中已安裝的模組，可以使用：

```
!pip list
```

如下圖可見到 Colab 已預先安裝了非常多的常用模組：

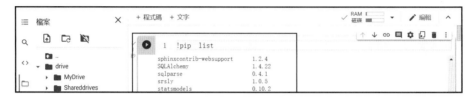

除此之外，還可以使用 Shell 命令來進行檔案或是系統的操作，例如以「pwd」命令查看現在目錄：

```
!pwd
```

1.7.7 Colab 筆記本檔案的下載與上傳

Colab 筆記本檔案可以下載到本機儲存，也可以取得別人的筆記本檔案上傳進行編輯。因為 Colab 是使用 Jupyter Notebook 服務，所以下載的格式是 <.ipynb>。

下載筆記本檔案

請選取功能表 **檔案 / 下載 / 下載 .ipynb**，即可將檔案下載到本機儲存。

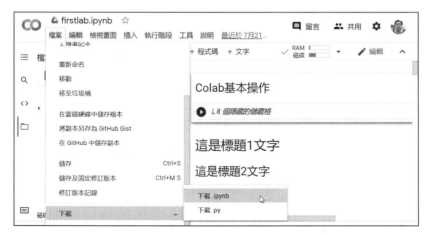

上傳筆記本檔案

請選取功能表 **檔案 \ 上傳筆記本** 開啟對話視窗，點選 **上傳** 功能，再點選 **選擇 檔案** 鈕，於 **開啟** 對話方塊選取要上傳的 <.ipynb> 檔即可。

1.7.8 Markdown 語法

在 Colab 中預設是利用程式儲存格進行程式開發，但讓人愛不釋手的另一個功能，就是能利用文字儲存格為筆記本加入教學文件或說明。

請在功能表按 **插入 \ 文字儲存格**，或按 **+ 文字** 鈕新增一個文字儲存格。文字儲存格使用 markdown 語法建立具有格式的文字 (Rich Text)，可在右方看到呈現的文字預覽，系統並提供簡易的 markdown 工具列，讓使用者能快速建立格式化文字。

Markdown 是約翰·格魯伯 (John Gruber) 所發明，是一種輕量級標記式語言。它有純文字標記的特性，可提高編寫的可讀性，這是在以前很多電子郵件中就已經有的寫法，目前也有許多網站使用 Markdown 來撰寫說明文件，也有很多論壇以 Markdown 發表文章與發送訊息。

標題文字

標題文字分為六個層級，是在標題文字前方加上 1 到 6 個「#」符號，「#」數量越少則標題文字越大。

○ 注意：「#」與標題文字間需有一個空白字元。

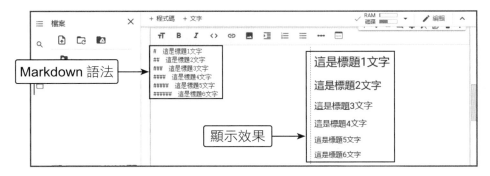

經實測，標題 5 及標題 6 的文字大小相同。

段落文字

當沒有加上任何標示符號時，該區塊的文字就是文字段落區塊，段落與段落之間則是以空白列分開。

引用文字

引用文字是在文字前方加上「>」符號，功能是文字樣式類似於 Email 回覆時原文呈現的樣式。

清單

清單可分為 **項目符號清單** 及 **編號清單**。

1. **項目符號清單** 是在文字前方加上「-」或「+」或「*」符號及一個空白字元，功能是建立清單項目。

   清單可包含多個層級，方法是加上一個縮排或兩個空格就可以新增一個層級。

2. **編號清單** 是以數字加上「.」及一個空白字元做為開頭的文字，功能是建立包含數字編號的清單項目。

   編號清單也可以包含多個層級，方法是加上一個縮排或兩個空格就可以新增一個層級。

○ **注意**：如果一般文字需要以數字加「.」作為開頭，必須改為數字加「\.」。

分隔線

分隔線是連續 3 個「*」或「_」符號，功能是建立一條橫線以分隔文字。

區塊程式碼

Markdown 說明中常需要顯示程式碼，其語法為：

```
```

   程式碼

   ......

```
```

● **注意**：「`」符號是反引號，位於鍵盤 Tab 鍵的上方。

斜體文字

若文字被「_」或「*」符號包圍，該文字就會以斜體文字顯示。

粗體文字

若文字被「__」或「**」符號包圍，該文字就會以粗體文字顯示。

■ 運算思維中獨立出四個核心能力：

1. 拆解問題 (Decomposition)：將資料或問題拆解成較小的部分。
2. 發現規律 (Pattern Recognition)：觀察資料的模式、趨勢或規則等現象。
3. 歸納與找出核心概念 (Abstraction)：找出產生模式的一般性原則。
4. 設計演算法 (Algorithm Design)：建立一個解決相同或類似問題的步驟。

■ Python 程式語言是由吉多范羅蘇姆 (Guido van Rossum) 所創建，是一種物件導向、直譯式的電腦程式語言。其特色為：

1. 簡單易學
2. 免費且開源
3. 高階程式語言
4. 直譯式程式語言
5. 可移植性、可嵌入性
6. 豐富且多元的模組

■ Anaconda 整合環境的特色為：

1. 內建眾多流行的科學、工程、數據分析的 Python 模組。
2. 完全免費及開源。
3. 支援 Linux、Windows 及 Mac 平台。
4. 支援 Python 2.x 及 3.x，且可自由切換。

■ Anaconda Prompt 命令視窗類似 Windows 系統「命令提示字元」視窗，在輸入命令後按 **Enter** 鍵即可執行。

■ 想要顯示 Anaconda 已安裝的模組可以使用 conda list 或 pip list 命令。

■ 在 Spyder 中可以撰寫及執行 Python 程式，Spyder 還提供簡單智慧輸入及強悍的程式除錯功能。 另外，Spyder 也內建了 IPython 命令視窗。

■ **為程式設定中斷點**：設定的方式為點選要設定中斷點的程式列，按 **F12** 鍵；或在要設定中斷點的程式列左方按一下滑鼠左鍵，程式列左方會顯示紅點，表示該列為中斷點。程式中可設定多個中斷點。

■ Colaboratory 簡稱 Colab，是一個在雲端運行的程式開發平台，不需要安裝設定，並且能夠免費使用。

■ Markdown 是一種輕量級標記式語言，它有純文字標記的特性，可提高編寫的可讀性，目前也有許多網站使用 Markdown 來撰寫說明文件，也有很多論壇以 Markdown 發表文章與發送訊息。

綜合演練

選擇題

(　　) 1. 下列何者是運算思維中的核心能力？

(A) 發現問題　(B) 發現規律　(C) 數學運算　(D) 建立邏輯

(　　) 2. 下列何者不是 Python 的特色？

(A) 免費　(B) 移植性高　(C) 簡單易學　(D) 編譯式語言

(　　) 3. Python 屬於下列何種語言？

(A) 組合語言　(B) 低階語言　(C) 中階語言　(D) 高階語言

(　　) 4. 下列何者類似 Windows 系統的「命令提示字元」？

(A) Spyder　　　　　　(B) Anaconda Prompt
(C) Jupiter Notebook　(D) Anaconda Cloud

(　　) 5. 下列何者可在 Anaconda Prompt 中查看所有已安裝模組？

(A) history　(B) seall　(C) conda list　(D) ?

(　　) 6. 按下列哪一個圖示會以除錯模式執行程式？

(A) ▶　(B) ⚠　(C) ▯　(D) ▶ǁ

(　　) 7. 在除錯模式中，按下列哪一個圖示會單步執行且不進入函式？

(A) ▶ǁ　(B) ▆　(C) ▆　(D) ⏩

(　　) 8. Colab 允許使用者執行 Shell 命令與系統互動，Shell 命令是以什麼符號開頭？

(A) #　(B) !　(C) *　(D) ?

(　　) 9. Markdown 語法標題文字是以 1 個到 6 個什麼符號開頭？

(A) #　(B) !　(C) *　(D) ?

(　　) 10. Markdown 語法若文字被「_」或「*」符號包圍，該文字就會以何種型式顯示？

(A) 刪除線字　(B) 粗體字　(C) 斜體字　(D) 底線字

變數與運算式

2.1 變數

「變數」顧名思義,是一個隨時可能改變內容的容器名稱,就像家中的收藏箱可以放入各種不同的東西。

2.1.1 認識變數

應用程式執行時必須先儲存許多資料等待進一步處理,例如在英文單字教學應用程式中,許多英文單字必須先儲存在電腦內,等到要使用時再將其取出。那麼電腦將這些資料儲存在哪裡呢?事實上,電腦是將資料儲存於「記憶體」中,等到需要使用特定資料時,就到記憶體中將該資料取出。

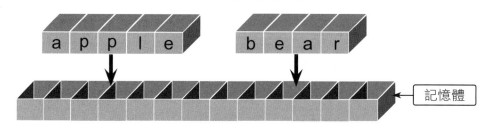

▲ 資料儲存於記憶體

當資料儲存於記憶體時,電腦會記住該記憶體的位置,以便要使用時才可以取出。但電腦的地址是一個複雜且隨機的數字,例如「65438790」,程式設計者怎麼可能會記得此地址呢?更何況有很多地址要記憶。解決的方法是給予這些地址一個有意義的名稱,取代無意義的數字地址,就可輕鬆取得電腦中的資料了!這些取代數字地址的名稱就是「變數」。

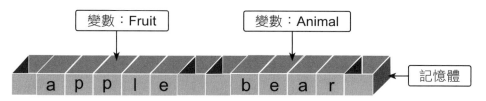

▲ 以變數取代記憶體地址

2.1.2 建立變數

當建立一個變數時，應用程式就會配置一塊記憶體給此變數使用，並以變數名稱做為辨識此塊記憶體的標誌，設計者就可在程式中將各種值存入該變數中。

新增變數

Python 變數不需宣告就可以使用，語法為：

```
變數名稱 = 變數值
```

例如建立變數 score 的值為 80：

```
score = 80
```

使用變數時不必指定資料型態，Python 會根據變數值設定資料型態。例如上述 score 變數，系統會設定其資料型態為整數 (int)。又如：

```
fruit = "香蕉"   #fruit 的資料型態為字串
```

如果多個變數具有相同變數值，可以一起指定變數值，例如變數 a、b、c 的值皆為 20，其宣告方式為：

```
a = b = c = 20
```

也可以在同一列中指定多個變數，「變數」之間以「,」分隔，「值」之間也以「,」分隔。例如變數 age 的值為 18，name 的值為「林大山」：

```
age, name =  18, "林大山"
```

刪除變數

如果變數不再使用，可以將變數刪除以節省記憶體。刪除變數的語法為：

```
del 變數名稱
```

例如刪除變數 score：

```
del score
```

2.1.3 變數命名規則

為變數命名必須遵守一定的規則，否則在程式執行時會產生錯誤。Python 變數的命名規則為：

- 變數名稱只能由大小寫英文字母、數字、_、中文組成變數名稱。

- 變數名稱的第一個字母不能是數字，必須是大小寫字母、_ 及中文。

- 英文字母大小寫視為不同變數名稱。

- 變數名稱不能與 Python 內建的保留字相同。Python 常見的保留字有 ：

acos	and	array	asin	assert	atan
break	class	close	continue	cos	Data
def	del	e	elif	else	except
exec	exp	fabs	float	finally	floor
for	from	global	if	import	in
input	int	is	lambda	log	log10
not	open	or	pass	pi	print
raise	range	return	sin	sqrt	tan
try	type	while	write	zeros	

雖然 Python 3.x 的變數名稱支援中文，但建議最好不要使用中文做為變數命名，不但在撰寫程式時輸入麻煩，而且會降低程式的可攜性。

下表是一些錯誤變數名稱的範例實作：

屬性	說明
7eleven	第一個字元不能是數字
George&Mary	不能包含特殊字元「&」
George Mary	不能包含空白字元
if	Python 的保留字

2.1.4 **註解**

註解的用途是做為程式的說明。程式撰寫者當然了解自己程式碼的流程，但是其他使用者要理解程式在做些什麼事就比較困難，因此加入註解可幫助其他使用者了解程式。即使是程式撰寫者，在年代久遠後也常忘了當初撰寫程式的流程，註解可以讓程式撰寫者快速回憶程式的用途。

單行註解

Python 可在程式碼中加入「#」做為單行註解，使用方式有兩種：第一種是位於程式列起始處，該行程式都不會執行，例如：

#fruit 變數為最喜歡吃的水果名稱
fruit = "香蕉"

此種方式註解就佔了一行程式，會讓程式看起來變得較龐大。第二種是位於程式列後方，「#」號後的程式碼不執行，例如：

fruit = "香蕉"   **#fruit 變數為最喜歡吃的水果名稱**

多行註解

如果有連續多行程式需要註解，為每行程式都加上「#」符號非常麻煩，所以可以在註解的區塊前後加入三個單引號 (''') 或三個雙引號 (""") 作為多行註解。許多程式設計者會使用多行註解來說明程式用途、作者等，例如：

"""
本程式可計算使用者 BMI 值提供使用者參考。
使用者輸入身高及體重後會顯示 BMI 值。
設計者：文淵閣工作室
"""

註解是為了讓觀看程式碼的人能夠快速了解程式碼的目的、功能及使用方式，同時也幫助自己記錄程式發展的過程，因此建議在撰寫程式時盡可能為程式碼加上註解，養成撰寫程式的好習慣。

2.2 資料型態

應用程式可能要處理五花八門的資料型態，所以有必要將資料加以分類，不同的資料型態給予不同的記憶體配置，如此才能使變數達到最佳的運作效率。Python 較常用的資料型態有數值及字串型態。

2.2.1 數值型態

Python 數值資料型態有整數 (int)、浮點數 (float) 及布林值 (bool)。

■ **整數**：int，是指不含小數點的數值。

■ **浮點數**：float，是指包含小數點的數值。

■ **布林值**：bool，此種資料型態只有兩個值：True 及 False (注意「T」及「F」是大寫)。此種變數通常是在條件運算中使用，程式可根據布林值變數的值判斷要進行何種運作。

例如：

```
num1 = 34        # 整數
num2 = 67.83     # 浮點數
flag = True      # 布林值
```

若整數數值要指定為浮點數資料型態，可為其加上小數點符號，例如：

```
num3 = 34.0     #num3 為浮點數
```

布林值也具有數值：True 的數值為「1」，False 的數值為「0」。由於布林值具有數值，因此可對布林值進行數值運算，例如：

```
num4 = 8 + True    #num4 的值為 9
```

變數 num4 的值為「8+1=9」。

2.2.2 字串型態

Python 字串資料型態 (str) 是變數值以一對雙引號 (「"」) 或單引號 (「'」) 包起來，例如：

```
str1 = " 這是字串 "
```

如果字串要包含引號 (雙引號或單引號)，可使用另一種引號包住字串，例如：

```
str2 = '小明說:"你好!"'   #str2 變數值為「小明說:"你好!"」
str3 = "小華說:'早安!'"   #str3 變數值為「小華說:'早安!'」
```

若字串需含有特殊字元如 Tab、換行等，可在字串中使用跳脫字元：跳脫字元是以「\」為開頭，後面跟著一定格式的字元代表特定意義的特殊字元。下表為 Python 常用的跳脫字元：

跳脫字元	意義	跳脫字元	意義
\'	單引號「'」	\"	雙引號「"」
\\	反斜線「\」	\n	換行
\r	游標移到列首	\t	Tab 鍵
\v	垂直定位	\a	響鈴
\b	後退鍵 (BackSpace)	\f	換頁
\x	以十六進位表示字元	\o	以八進位表示字元

例如：

```
str4 = "大家好!\n歡迎光臨!"   #「歡迎光臨!」會顯示於第二列
```

2.2.3 type 命令

type 命令會取得項目的資料型態，如果使用者不確定某些項目的資料型態，可用 type 命令確認，語法為：

```
type(項目)
```

例如：

```
print(type(56))          # 輸出為 <class 'int'>
print(type(56.0))        # 輸出為 <class 'float'>
print(type("How are you?")) # 輸出為 <class 'str'>
print(type(True))        # 輸出為 <class 'bool'>
```

2.2.4 資料型態轉換

變數的資料型態非常重要,通常相同資料型態才能運算。Python 具有簡單的資料型態自動轉換功能:如果是整數與浮點運算,系統會先將整數轉換為浮點數再運算,運算結果為浮點數,例如:

```
num1 = 5 + 7.8   #num1 為 12.8, 浮點數
```

如果系統無法自動進行資料型態轉換,就需以資料型態轉換命令強制轉換。Python 強制資料型態轉換命令有:

- **int()**:強制轉換為整數資料型態。
- **float()**:強制轉換為浮點數資料型態。
- **str()**:強制轉換為字串資料型態。

例如對整數與字串做加法運算會產生錯誤:

```
num2 = 23 + "67"          # 錯誤,字串無法進行加法運算
```

將字串轉換為整數再進行運算就可正常執行:

```
num3 = 23 + int("67")    # 正確,結果為 90
```

以 print 列印字串時,若將字串和數值組合會產生錯誤:

```
score = 60
print(" 小明的成績為 " + score)    # 錯誤,數值無法自動轉換為字
串
```

將數值轉換為字串再進行組合就可正常執行:

```
score = 60
print(" 小明的成績為 " + str(score))
# 正確,結果為「小明的成績為  60」
```

2.3 輸出與輸入

輸出與輸入是任何程式語言都必須具備的基本功能。在執行完程式碼後,必須將執行結果輸出 (大部分是在螢幕) 讓使用者觀看。許多程式都需要取得使用者輸入的資料,做為程式後續處理的依據。

2.3.1 print 輸出命令

print 命令能列印指定項目的內容,語法為:

```
print( 項目 1[, 項目 2,…, sep= 分隔字元 , end= 結束字元 ])
```

- **項目 1, 項目 2,…**:print 命令可以一次列印多個項目資料,項目之間以逗號「,」分開。

- **sep**:分隔字元,如果列印多個項目,項目之間以分隔符號區隔,預設值為一個空白字元 (" ")。

- **end**:結束字元,列印完畢後自動加入的字元,預設值為換列字元 ("\n"),所以下一次執行 print 命令會列印在下一列。

例如:

```
print(" 多吃水果 ")                         # 多吃水果
print(100," 多吃水果 ",60)                  #100 多吃水果 60
print(100," 多吃水果 ",60,sep="&")          #100& 多吃水果 &60
print(100," 多吃水果 ",60,sep-"&",end=".")  #100& 多吃水果 &60.
```

「%」字串格式化

print 命令支援字串格式化功能,語法為:

```
print( 項目 % ( 參數列 ))
```

常用的參數有：

參數	意義
%d	以整數資料型態輸出。
%s	以字串資料型態輸出。
%f	以浮點數資料型態輸出。
%%	在字串中顯示「%」。
%e 或 %E	以科學記號方式輸出。

例如以字串格式化方式列印字串及整數：

```
name = "林小明"
score = 80
print("%s 的成績為 %d" % (name, score))  # 林小明 的成績為 80
```

即以「%s」代表字串、「%d」代表整數、「%f」代表浮點數，字串格式化方式可以精確控制列印位置，讓輸出的資料整齊排列，例如：

■ %5d：固定列印 5 個字元，若少於 5 位數，會在數字左方填入空白字元 (若大於 5 位數則會全部列印)，輸出內容會靠右對齊。

■ %5s：固定列印 5 個字元，若字串少於 5 個字元，會在字串左方填入空白字元 (若大於 5 個字元則會全部列印)，輸出內容會靠右對齊。

■ %8.2f：固定列印 8 個字元 (含小數點)，小數固定列印 2 位數。若整數少於 5 位數 (8-3=5)，會在數字左方填入空白字元 ；若小數少於 2 位數，會在數字右方填入「0」字元。

例如浮點數格式化列印範例實作：

此處有 3 個空白字元

```
price = 23.8
print(" 價格為 %8.2f 元 " % price)    # 價格為    23.80 元
```

前述字串格式化 %5d、%5s、%8.2f 的數值若使用負數，表示如果需填入空白字元，則空白字元會填在右方，例如：

此處有 3 個空白字元

```
price = 23.8
print(" 價格為 %-8.2f 元 " % price)    # 價格為 23.80    元
```

「format」字串格式化

新版的 Python 建議使用 format 方法進行字串格式化。

只要在字串中以一對大括號「{}」表示參數的位置即可,語法為:

```
print( 字串 .format( 參數列 ))
```

例如以字串的 format 方法列印字串及整數:

```
print("{} 的成績為 {} 分 " . format(" 林小明 ", 80))
>> 林小明 的成績為 80 分
```

第一對大括號代表第一個參數,第二對大括號代表第二個參數,不用考慮資料格式。

若有多個參數時,可以在括號中放入參數的順序數字 (由 0 算起),例如:

```
print("{0} 的成績為 {1} 分 " . format(" 林小明 ", 80))
>> 林小明 的成績為 80 分
```

因為可以利用順序數字來指定參數,所以可以更靈活的加入到字串中,例如:

```
print(" 考 {1} 分的人是 {0}" . format(" 林小明 ", 80))
>> 考 80 分的人是 林小明
```

如果想要進一步的設定帶入到字串的參數格式,可以在字串中的大括號內設定「參數順序:格式設定」,其中格式設定可以參考「%」字串格式化的參數格式設定。不同的地方是不用特別標示資料的型態,當指定字元數大於實際字數時,預設字串會靠左對齊,數字 (整數、浮點數等) 會靠右對齊。例如:

```
print("{0} 的成績為 {1} 分 ".format(" 林小明 ", 80))
print("{0:5s} 的成績為 {1:3d} 分 ".format(" 林小明 ", 80))
print("{0:5} 的成績為 {1:3} 分 ".format(" 林小明 ", 80))
print("{:5} 的成績為 {:3} 分 ".format(" 林小明 ", 80))
>> 林小明 的成績為 80 分
>> 林小明     的成績為  80 分    ← 字串靠左對齊,數字靠右對齊
>> ...  ( 以下相同 )              ← 不同的設定方式,顯示結果相同
```

範例實作：格式化列印成績單

一年二班有三位同學，請設計程式幫老師以 print 命令的字串格式化方式整齊列印出班級成績單。(<format.py>)

```
IPython console                                              ☐ ×
  Console 1/A ☒                                          ■  ✿
光碟/ch02")
姓名    座號   國文   數學   英文
林大明    1   100    87    79
陳阿中    2    74    88   100
張小英   11    82    65     8
```

程式碼：ch02\format.py

```python
1 print(" 姓名  座號  國文  數學  英文 ")
2 print("%3s %2d %3d %3d %3d" % (" 林 大 明 ", 1, 100, 87, 79))
3 print("%3s %2d %3d %3d %3d" % (" 陳阿中 ", 2, 74, 88, 100))
4 print("%3s %2d %3d %3d %3d" % (" 張小英 ", 11, 82, 65, 8))
```

程式說明

▼ 2	座號佔 2 個字元，姓名、國文、數學、英文都佔 3 個字元。

延伸練習

小英任職於國稅局，請設計程式以 print 命令字串格式化方式整齊列印出最近三年的年度各種稅收達成率報表。(<format_cl.py>)

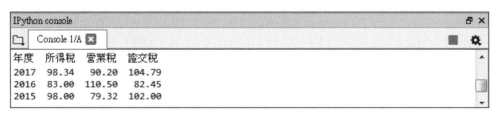

```
IPython console                                              ☐ ×
  Console 1/A ☒                                          ■  ✿
年度    所得稅    營業稅    證交稅
2017    98.34    90.20   104.79
2016    83.00   110.50    82.45
2015    98.00    79.32   102.00
```

2.3.2 **input 輸入命令**

print 命令是輸出資料，input 命令與 print 命令相反，是讓使用者由「標準輸入」裝置輸入資料，如果沒有特別設定，標準輸入是指鍵盤。input 命令也是使用相當頻繁的命令，例如教師若要利用電腦幫忙計算成績，則需先由鍵盤輸入學生成績。

input 命令的語法為：

```
變數 = input([提示字串])
```

使用者輸入的資料是儲存於指定的變數中。

「提示字串」是輸出一段提示訊息，告知使用者如何輸入。輸入資料時，當使用者按下 **Enter** 鍵後就視為輸入結束，input 命令會將使用者輸入的資料存入變數中。例如讓使用者輸入數學成績，再列印成績的程式碼為：

```
score = input("請輸入數學成績：")
print(score)
```

執行時需在 IPython console 視窗按一下滑鼠左鍵就可看到游標閃爍，表示等待使用者輸入：

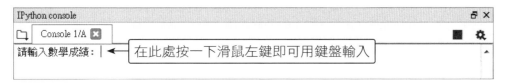

輸入成績後按 **Enter** 鍵，就會列印使用者輸入的分數。

輸入資料的型態為字串

使用 input 命令時，使用者輸入的資料型態為字串。初學者最容易產生的錯誤是當使用者輸入數字型態的資料時，程式設計者會將其視為數值資料型態而直接進行數值運算，於是發生資料型態不符合的錯誤。

例如前述程式改為：

```
score = input("請輸入數學成績: ")
print(score + 10)    #產生字串無法與數值相加的錯誤
```

因為變數 score 是字串無法與數值「10」相加，所以產生錯誤。

修正的方法是將字串以 int 或 float 強制轉換為數值資料型態，就可以順利進行數值運算了：

```
score = input("請輸入數學成績: ")
print(int(score) + 10)
```

 範例實作：計算成績總分

小林剛考完第一次段考，設計程式讓小林輸入國文、英文及數學成績後為其計算成績總分。(<input.py>)

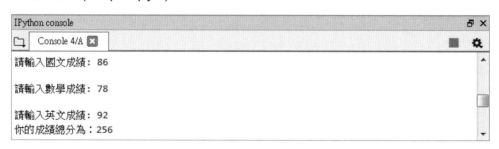

```
請輸入國文成績: 86
請輸入數學成績: 78
請輸入英文成績: 92
你的成績總分為: 256
```

程式碼：ch02\input.py

```
1 chinese = int(input("請輸入國文成績: "))
2 math = int(input("請輸入數學成績: "))
3 english = int(input("請輸入英文成績: "))
4 total = chinese + math + english
5 print("你的成績總分為:" + str(total))
```

程式說明

▼ 1-3　　利用 input 命令讓使用者輸入國文、英文及數學成績，注意需使用「int」將輸入值強制轉換為整數。

▼ 4　　　計算總分。

▼ 5　　　列印總分。注意 total 資料型態為整數，需使用「str」強制轉換為字串才能與「你的成績總分為：」字串組合在一起。

延伸練習

小明薪水包括基本薪資、工作獎金及加班費，設計程式讓小明輸入各項薪資金額後為其計算薪資總額。(<input_cl.py>)

2.4 運算式

運算式是什麼？從小老師就告訴我們，一切數學都由「一加一等於二」開始，所以這是數學中最重要的定律。「一加一」就是運算式典型的例子。

用來指定資料做哪一種運算的是「運算子」，進行運算的資料稱為「運算元」。例如：「2 + 3」中的「+」是運算子，「2」及「3」是運算元。

運算子依據運算元的個數分為單元運算子及二元運算子：

- **單元運算子**：只有一個運算元，如「-100」的「-」（負）、「not x」的「not」等，單元運算子是位於運算元的左方。

- **二元運算子**：具有兩個運算元，如「100 - 30」中的「-」（減）、「x and y」中的「and」，二元運算子是位於兩個運算元的中間。

2.4.1 算術運算子

用於執行一般數學運算的運算子稱為「算術運算子」。

運算子	意義	範例	範例結果
+	兩運算元相加	12+3	15
-	兩運算元相減	12-3	9
*	兩運算元相乘	12*3	36
/	兩運算元相除	32/5	6.4
%	取得餘數	32%5	2
//	取得整除的商數	32//5	6
**	(運算元 1) 的 (運算元 2) 次方	7**2	$7^2 = 49$

注意「/」、「%」及「//」三個運算子與除法有關，第二個運算元不能為零，否則會出現「ZeroDivisionError」的錯誤。

範例實作：計算梯形面積

梯形面積 =(上底 + 下底)* 高 /2，阿全有一塊梯形土地，設計程式讓阿全輸入梯形土地的上底、下底及高後計算梯形面積。(<arith.py>)

```
IPython console                                          ☐ ✕
☐  Console 1/A ✕                                         ■ ✿
請輸入梯形上底長度：12

請輸入梯形下底長度：20

請輸入梯形高度：14
梯形的面積為：224.0
```

程式碼：ch02\arith.py

```
1 top = float(input(" 請輸入梯形上底長度:"))
2 bottom = float(input(" 請輸入梯形下底長度:"))
3 height = float(input(" 請輸入梯形高度:"))
4 area = (top + bottom) * height / 2
5 print(" 梯形的面積為:" + str(area))
```

程式說明

▼ 1-3　　讓使用者輸入梯形的上底、下底及高並轉換為浮點數。

▼ 4-5　　計算梯形面積並顯示。

延伸練習

長方形面積 = 長 * 高，小華的教室為長方形，設計程式讓小華輸入長方形的長度及高度後計算長方形面積。(<arith_cl.py>)

```
IPython console                                          ☐ ✕
☐  Console 1/A ✕                                         ■ ✿
請輸入長方形的長度：12

請輸入長方形的寬度：8
長方形的面積為：96.0
```

2.4.2 比較運算子

比較運算子會比較兩個運算式，若比較結果正確，就傳回 True，若比較結果錯誤，就傳回 False。設計者可根據比較結果，進行不同處理程序。

運算子	意義	範例	範例結果
==	運算式 1 是否等於運算式 2	(6+9==2+13) (8+9==2+13)	True False
!=	運算式 1 是否不等於運算式 2	(8+9!=2+13) (6+9!=2+13)	True False
>	運算式 1 是否大於運算式 2	(8+9>2+13) (6+9>2+13)	True False
<	運算式 1 是否小於運算式 2	(5+9<2+13) (8+9<2+13)	True False
>=	運算式 1 是否大於或等於運算式 2	(6+9>=2+13) (3+9>=2+13)	True False
<=	運算式 1 是否小於或等於運算式 2	(3+9<=2+13) (8+9<=2+13)	True False

要特別注意「=」及「==」的區別：「=」是將等號右方的值設定給等號左方，例如「a=5」，表示設定變數 a 的值為 5；「==」是判斷等號兩邊的值是否相等，例如「a==5」，表示判斷變數 a 的值是否為 5，其結果是布林值 True。

2.4.3 邏輯運算子

邏輯運算子通常是結合多個比較運算式來綜合得到最終比較結果，用於較複雜的比較條件。

運算子	意義	範例	範例結果
not	傳回與原來比較結果相反的值，即比較結果是 True，就傳回 False；比較結果是 False，就傳回 True。	not(3>5) not(5>3)	True False
and	只有兩個運算元的比較結果都是 True 時，才傳回 True，其餘情況皆傳回 False。	(5>3) and (9>6) (5>3) and (9<6) (5<3) and (9>6) (5<3) and (9<6)	True False False False

運算子	意義	範例	範例結果
or	只有兩個運算元的比較結果都是 False 時，才傳回 False，其餘情況皆傳回 True。	(5>3) or (9>6) (5>3) or (9<6) (5<3) or (9>6) (5<3) or (9<6)	True True True False

「and」是兩個運算元都是 True 時其結果才是 True，相當於數學上兩個集合的交集，如下圖：

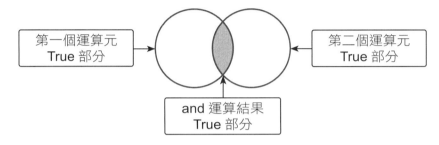

「or」是只要其中一個運算元是 True 時其結果就是 True，相當於數學上兩個集合的聯集，如下圖：

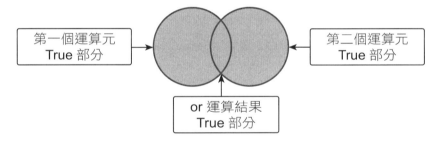

比較運算子及邏輯運算子通常會搭配判斷式使用，判斷式將在下章詳細說明。

2.4.4 複合指定運算子

在程式中，某些變數值常需做某種規律性改變，例如：在迴圈中需將計數變數做特定增量。一般的做法是將變數值進行運算後再指定給原來的變數，例如下面程式說明將變數 i 的值增加 3：

```
i = i + 3
```

這樣的寫法似乎有些累贅，因為同一個變數名稱重複寫了兩次。複合指定運算子就是為簡化此種敘述產生的運算子，將運算子置於「=」前方來取代重複的變數名稱。例如：

```
i += 3   #即 i = i + 3
i -= 3   #即 i = i - 3
```

複合指定運算子同時做了「執行運算」及「指定」兩件工件。

下表是以 i 變數值為 10 來計算範例結果：

運算子	意義	範例	範例結果
+=	相加後再指定給原變數	i += 5	15
-=	相減後再指定給原變數	i -= 5	5
*=	相乘後再指定給原變	i *= 5	50
/=	相除後再指定給原變數	i /= 5	2
%=	相除得到餘數後再指定給原變數	i %= 5	0
//=	相除得到整除商數後再指定給原變數	i //= 5	2
**=	做指數運算後再指定給原變數	i **= 3	1000

 範例實作：計算複利本金

複利公式為：本金 *(1+ 利率)^年，目前存款年利率為 2%，以複利計算。阿輝在銀行有一筆存款，設計程式讓阿輝輸入存款本金後，以複合指定運算子計算 6 年後的本金。(<complex.py>)

```
IPython console                                    ⊡ ×
  Console 1/A ⊠                                    ■  ✿
請輸入本金存款金額：100000
6 年後存款為：112616.2419264
```

程式碼：ch02\complex.py

```
1 deposit = int(input(" 請輸入本金存款金額:"))
2 times = 1.02 ** 6
3 deposit *= times
4 print("6 年後存款為:" + str(deposit))
```

程式說明

▼ 2　　　　計算本金倍率：年利率 2%，每年本金為前一年的 1.02 倍，所以 6
　　　　　　年後為原有的 1.02^6 倍。

▼ 3　　　　以複合指定運算子計算 6 年後的本金。

延伸練習

小蔡手機遺失了，他現在有 50000 元，想購買新手機，設計程式讓小蔡輸入手機價錢後，以複合指定運算子計算購買手機後還剩多少錢？(<complex_cl.py>)

```
IPython console                                          ⊟ ✕
  Console 1/A ✕                                        ▉  ✿
請輸入手機金額：12000
剩餘款為：38000
```

2.4.5 運算子「+」的功能

運算子「+」可用於數值運算，也可用於字串組合，使用時需特別留意運算元的資料型態。

運算子「+」用於數值運算時是計算兩個運算元的總和，例如：

```
print(23 + 45)        # 結果為 68
```

運算子「+」用於字串組合時是將兩個運算元的字元組合在一起，例如：

```
print("23" + "45")   # 結果為 2345
```

如果「+」的一個運算元為數值，一個為字串，執行時會產生錯誤，例如：

```
print("23" + 45)      # 產生錯誤
```

必須將兩個運算元資料型態轉換為相同型態才能正常執行，例如：

```
print("23" + str(45))    # 皆為字串，結果為「2345」
print(int("23") + 45)    # 皆為數值，結果為「68」
```

2.4.6 運算子的優先順序

初學四則運算時，老師總會教「先乘除，後加減」這個口訣，否則學生容易迷失在長長的計算式中。Python 的運算子很多，請務必先了解各運算子的優先順序，否則見到複雜的運算式時就不知從何下手了。

下表為常見運算子的優先順序：

優先順序	運算子
1	() 括號
2	** 次方
3	+ (正數)、- (負數)
4	* (乘法)、/ (除法)、% (餘數)、// (取商)
5	+ (加法)、- (減法)
6	==、!=、>、<、>=、<=
7	not、and、or
8	=、+=、-=、*=、/=、%=、//=、**=

優先順序高（數字較小）者先執行運算，同一列的運算子具有相同的優先順序，優先順序相同時是由左至右運算。

注意優先順序 3 是數值的正負號，例如「+80」、「-100」；優先順序 5 是加、減法運算，例如「5+6」、「8-2」。

以「56 > 78 and 34 > (4 + 2) + 5 * 2」為例，計算過程為：

步驟	運算
1	4 + 2 = 6　# 括號中最先運算
2	5 * 2 = 10　# 乘法比加法優先
3	6 + 10 = 16
4	56 > 78　# 傳回 False
5	34 > 16　# 傳回 True
6	False and True　# 最後結果為 False

重 點 整 理

■ 「變數」顧名思義，是一個隨時可能改變內容的容器名稱，當設計者建立一個變數時，應用程式就會配置一塊記憶體給此變數使用，以變數名稱做為辨識此塊記憶體的標誌，設計者就可在程式中將各種值存入該變數中。

■ 註解的用途是做為程式的說明。

■ Python 數值資料型態有整數 (int)、浮點數 (float) 及布林值 (bool)。

■ Python 字串資料型態 (str) 是變數值以一對雙引號 (「"」) 或單引號 (「'」) 包起來。

■ print 命令能列印指定項目的內容，語法為：

```
print ( 項目 1 [, 項目 2,……, sep= 分隔字元 , end= 結束字元 ] )
```

■ input 命令的語法為：

```
變數 = input ( [ 提示字串 ] )
```

■ 用來指定資料做哪一種運算的是 「運算子」，進行運算的資料稱為 「運算元」。例如：「2 + 3」中的「+」是運算子，「2」及「3」是運算元。

■ 用於執行一般數學運算的運算子稱為「算術運算子」。

■ 比較運算子會比較兩個運算式，若比較結果正確，就傳回 True，若比較結果錯誤，就傳回 False。設計者可根據比較結果，進行不同處理程序。

■ 邏輯運算子通常是結合多個比較運算式來綜合得到最終比較結果，用於較複雜的比較條件。

■ 複合指定運算子同時做了「執行運算」及「指定」兩件工件。

綜 合 演 練

一、選擇題

(   ) 1. 下列何者是 Python 的註解符號？

         (A) $ (B) //   (C) #   (D) %

(   ) 2. 下列何者是錯誤的變數名稱？

         (A) if   (B) mary   (C) str56   (D) error_i

(   ) 3. num = 8 + True，num 的值為何？

         (A) 0   (B) 1   (C) 8   (D) 9

(   ) 4. print(type(56.0)) 顯示的結果為何？

         (A) str   (B) float   (C) int   (D) double

(   ) 5. 下列何者錯誤？

         (A) print(23 + "67")   (B) print(23 + int("67"))

         (C) print(str(23) + "67")   (D) print(str(23) + str("67"))

(   ) 6. num = 96%5，num 的值為何？

         (A) 0   (B) 1   (C) 19   (D) 20

(   ) 7. num = 5，則 num **=3 的值為何？

         (A) 3   (B) 15   (C) 25   (D) 125

(   ) 8. print("78" + "12") 的結果為何？

         (A) 90   (B) 7812   (C) 66   (D) 產生錯誤

(   ) 9. print(78 + 12) 的結果為何？

         (A) 90   (B) 7812   (C) 66   (D) 產生錯誤

(   ) 10.下列何者運算子的優先順序最高？

         (A) -(負)   (B) *   (C) and   (D) +=

綜合演練

二、實作題

1. 一年一班只有 2 位同學,設計程式讓老師分別輸入 2 位同學的姓名及成績,然後計算成績總分,最後以下圖格式列印。

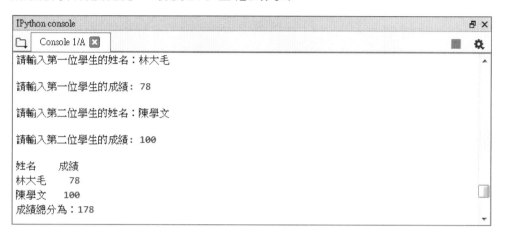

2. 計程車計費方式第 1 公里為 85 元,多 1 公里加收 20 元。設計程式讓運將輸入乘客的搭乘公里數,然後計算乘車費用。

3. 圓形的面積是半徑 x 半徑 x3.14、周邊長是半徑 x 2 x3.14。請設計程式讓使用者輸入圓形的半徑,然後計算圓形的面積和周邊長。

4. 許多國人出國後常會有公制轉轉英制的困擾，以長度為例，英制和公制的長度轉換公式為：

```
1  inch(英吋)  =  2.54  cm(公分)，也就是 1cm  =  1/2.54 英吋
```

請設計程式讓使用者輸入公制的身高 (cm)，然後計算出英制的高度是幾英呎、幾英吋 (註：1 英呎 =12 英吋)。

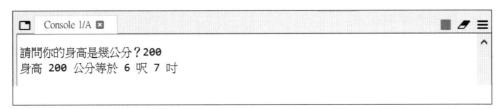

5. BMI 值稱為身體質量指標，是一個簡易判斷身體胖瘦程度的方法。計算 BMI 值的公式是體重 (單位為公斤) 除以身高 (單位為公尺) 的平方：

$$BMI = 體重(kg) / 身高(m)^2$$

請幫忙設計一個程式讓使用者輸入他自已的身高 (公分) 及體重 (公斤) 後計算出他的 BMI 值。

Chapter

03

判斷式

3.1 Python 程式碼縮排

程式語言以縮排方式表示是一組相同的程式區塊。

大部分語言如 C、Java 等,都是以一對大括號「{}」來表示程式區塊,例如:

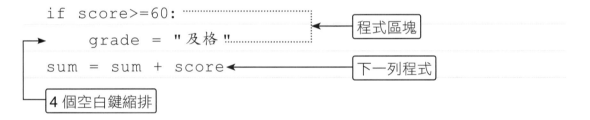

```
if (score>=60) {
    grade = "及格";
}
sum = sum + score
```

程式區塊

下一列程式

3.1.1 Python 程式碼縮排格式

Python 語言以冒號「:」及縮排來表示程式區塊,縮排建議使用 4 個空白鍵,例如:

```
if score>=60:
    grade = "及格"
sum = sum + score
```

程式區塊

下一列程式

4 個空白鍵縮排

在 Python 中建議的縮排方式是用 4 個空白鍵,但許多人卻習慣使用 Tab 鍵,在不同的編輯器讀取時可能就會產生不一樣的效果。

3.1.2 絕對不要混用 Tab 鍵和空白鍵

其實只要以相同的 Tab 鍵或相同字元的空白鍵整齊排列,即可達到同一程式區塊程式碼縮排的效果,但同一個程式區塊中絕對不要混用 Tab 鍵和空白鍵,官方建議以 4 個空白鍵做為縮排。

混用 Tab 鍵和空白鍵來縮排的程式碼,應該轉成只用空白鍵。在呼叫 Python 直譯器時加上「-t」選項,它會對混用 Tab 鍵和空白鍵的程式發出警告。若使用「-tt」選項,則會發出錯誤。

如果您使用的是 Spyder 或 Jupyter NoteBook 編輯器,可以按 4 個空白鍵,即使用 Tab 鍵也會自動轉換為 4 個空白鍵,避免這個問題。

3.2 判斷式

在日常生活中,我們經常會遇到一些需要做決策的情況,然後再依決策結果進行不同的事件,例如:暑假到了,如果所有學科都及格的話,媽媽就提供經費讓自己與朋友出國旅遊;如果有某些科目當掉,暑假就要到校重修了!程式設計也一樣,常會依不同情況進行不同處理方式,這就是「判斷式」。

3.2.1 程式流程控制

程式的執行方式有循序式及跳躍式兩種,循序式是程式碼由上往下依序一列一列的執行,到目前為止的範例都是這種模式。程式設計也和日常生活雷同,常會遇到一些需要做決策的情況,再依決策結果執行不同的程式碼,這種方式就是跳躍式執行。

Python 流程控制命令分為兩大類:

■ **判斷式**:根據關係運算或邏輯運算的條件式來判斷程式執行的流程,若條件式結果為 True,就執行跳躍。判斷式命令只有一個:

```
if…elif…else
```

■ **迴圈**:根據關係運算或邏輯運算條件式的結果為 True 或 False 來判斷,以決定是否重複執行指定的程式。迴圈指令包括下列兩種:(迴圈將在第 4 章詳細說明)

```
for
while
```

3.2.2 單向判斷式(if…)

「if…」為單向判斷式,是 if 指令中最簡單的型態,語法為:

```
if 條件式:
    程式區塊
```

「條件式」允許加上括號,即「if (條件式):」。當條件式為 True 時,就會執行程式區塊的敘述;當條件式為 False 時,則不會執行程式區塊的敘述。

條件式可以是關係運算式,例如:「x>2」;也可以是邏輯運算式,例如:「x>2 or x<5」,如果程式區塊只有一列程式碼,也可以將兩列合併為一列,直接寫成:

```
if 條件式 : 程式碼
```

以下是單向判斷式流程控制的流程圖:

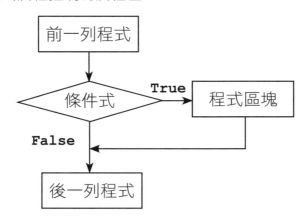

 範例實作:密碼輸入判斷

小杰設計了一個通關密碼的程式,訪客必須輸入正確密碼才能登入,如果輸入的密碼正確(1234),會顯示「歡迎光臨!」;如果輸入的密碼錯誤,則不會顯示任何訊息。(<password1.py>)

IPython console
📁 Console 1/A ❌
請輸入密碼:**1234**
歡迎光臨!

IPython console
📁 Console 1/A ❌
請輸入密碼:**5678**

▎程式碼:ch03\password1.py

```
1 pw = input("請輸入密碼:")
2 if pw=="1234":
3     print("歡迎光臨!")
```

程式說明

▼ 2-3　　　預設的密碼為「1234」，若輸入的密碼正確，就執行第 3 列程式列
　　　　　印「歡迎光臨！」訊息；若輸入的密碼錯誤就結束程式。

▼ 3　　　　if 條件成立的程式區塊，必須以 Tab 鍵或空白鍵向右縮排，本例是
　　　　　以 4 個空白鍵做縮排。

因為此處 if 程式區塊的程式碼只有一列，所以第 2-3 列可改寫為：

```
if pw=="1234" : print("歡迎光臨！")
```

3.2.3 雙向判斷式（if…else）

感覺上「if」語法並不完整，因為如果條件式成立就執行程式區塊內的內容，
如果條件式不成立也應該做某些事來告知使用者。例如密碼驗證時，若密碼錯
誤應顯示訊息告知使用者，此時就可使用「if…else…」雙向判斷式。

「if…else…」為雙向判斷式，語法為：

```
if 條件式：
    程式區塊一
else:
    程式區塊二
```

當條件式為 True 時，會執行 if 後的程式區塊一；當條件式為 False 時，會執
行 else 後的程式區塊二，程式區塊中可以是一列或多列程式碼，如果程式區
塊中的程式碼只有一列，可以合併為一列。

以下是雙向判斷式流程控制的流程圖：

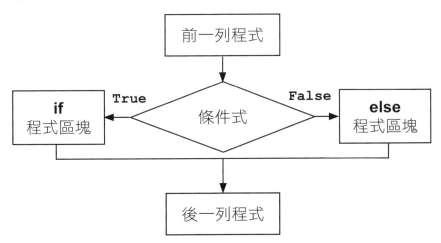

範例實作：進階密碼判斷

小杰程式設計的功力進步許多,現在他改進了通關密碼程式,如果訪客輸入的密碼正確(1234),會顯示「歡迎光臨!」;如果訪客輸入的密碼錯誤,則會顯示「密碼錯誤!」。(<password2.py>)

```
IPython console
  Console 1/A ⬛

請輸入密碼:1234
歡迎光臨!
```

```
IPython console
  Console 1/A ⬛

請輸入密碼:5678
密碼錯誤!
```

程式碼:ch03\password2.py

```python
1  pw = input("請輸入密碼:")
2  if pw=="1234":
3      print("歡迎光臨!")
4  else:
5      print("密碼錯誤!")
```

程式說明

▼ 2-3　　若輸入的密碼正確,就執行第 3 列程式,顯示歡迎訊息。

▼ 4-5　　若輸入的密碼錯誤,就執行第 5 列程式,顯示密碼錯誤訊息。注意第 4 列要由開頭處輸入「else:」。

延伸練習

資訊小楷模阿梅幫老師設計一個程式,讓老師輸入學生的成績,若學生成績大於等於 60 分,顯示「讚,成績及格!」,否則顯示「成績不及格,加油喔!」。(<score.py>)

```
IPython console
  Console 1/A ⬛

請輸入成績:90
讚,成績及格!
```

```
IPython console
  Console 1/A ⬛

請輸入成績:58
成績不及格,加油喔!
```

3.2.4 多向判斷式（if…elif…else）

事實上，大部分人們所遇到的情況更複雜，並不是一個條件就能解決，例如處理學生的成績，不是單純的及格與否，及格者還需依其分數高低給予許多等第（優、甲、乙等），這時就是多向判斷式「if…elif…else」的使用時機。

「if…elif…else」可在多項條件式中，擇一選取，如果條件式為 True 時，就執行相對應的程式區塊，如果所有條件式都是 False，則執行 else 後的程式區塊；若省略 else 敘述，則條件式都是 False 時，將不執行任何程式區塊。

「if…elif…else」的語法為：

```
if 條件式一 :
    程式區塊一
elif 條件式二 :
    程式區塊二
elif 條件式三 :
    ………
[else:]
    else 程式區塊
```

以下是多向判斷式流程控制的流程圖 (以設定兩個條件式為例)：

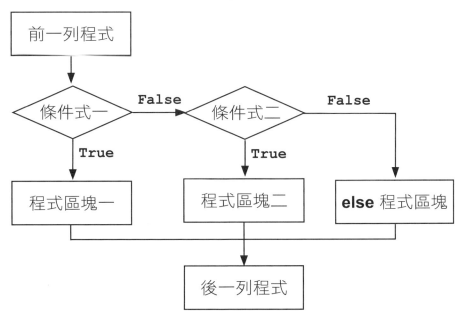

範例實作：判斷成績等第

學生評量是以等第方式表示，請設計程式讓使用者輸入成績，若成績在 90 分及以上就顯示「優等」，80 分及以上顯示「甲等」，70 分及以上顯示「乙等」，60 分及以上顯示「丙等」，不到 60 分為「丁等」。(<grade.py>)

IPython console
📁 Console 1/A ☒
請輸入成績：95 優等

IPython console
📁 Console 1/A ☒
請輸入成績：86 甲等

程式碼：ch03\grade.py

```
1  score = input(" 請輸入成績:")
2  if(int(score) >= 90):
3      print(" 優等 ")
4  elif(int(score) >= 80):
5      print(" 甲等 ")
6  elif(int(score) >= 70):
7      print(" 乙等 ")
8  elif(int(score) >= 60):
9      print(" 丙等 ")
10 else:
11     print(" 丁等 ")
```

程式說明

▼ 2-3	若輸入的成績在 90 分以上就顯示「優等」。
▼ 4-5	若輸入的成績在 80 分以上就顯示「甲等」。
▼ 6-9	若輸入的成績在 70、60 分以上就分別顯示「乙等」、「丙等」。
▼ 10-11	若前面條件都不成立表示分數在 60 分以下，顯示「丁等」。

延伸練習

電影院影片分級是依年級來判斷，未滿 6 歲為普遍級、未滿 12 歲為普遍級及保護級、未滿 18 歲為除限制級以外的所有影片，18 歲 (含) 為所有影片。
(<movie.py>)

IPython console
🗀   Console 1/A ⊠
請輸入年齡：5 可看普遍級！

IPython console
🗀   Console 1/A ⊠
請輸入年齡：10 可看普遍級及保護級！

IPython console
🗀   Console 1/A ⊠
請輸入年齡：17 可看限制級以外的所有影片！

IPython console
🗀   Console 1/A ⊠
請輸入年齡：21 您已成年，可看各級影片！

3.2.5 巢狀判斷式

在判斷式之內可以包含判斷式，稱為巢狀判斷式。系統並未規定巢狀判斷式的層數，要加多少層判斷式都可以，但層數太多會降低程式可讀性，而且維護較困難。

 範例實作：百貨公司折扣戰

百貨公司週年慶活動血拼大打折，吸引很多顧客上門，公司決定再加碼回饋客戶，只要客戶消費金額在 100000 元以上就打八折，金額在 50000 元以上就打八五折，金額在 30000 元以上就打九折，金額在 10000 元以上就打九五折，請幫該公司設計這個收銀台的程式，輸入顧客購買金額後，計算顧客應付的金錢。(<discount.py>)

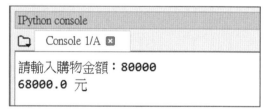

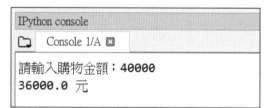

程式碼：ch03\discount.py

```
1    money = int(input(" 請輸入購物金額:"))
2    if(money >= 10000):
3        if(money >= 100000):
4            print(money * 0.8, end=" 元 \n")    # 八折
5        elif(money >= 50000):
6            print(money * 0.85, end=" 元 \n")    # 八五折
7        elif(money >= 30000):
8            print(money * 0.9, end=" 元 \n")    # 九折
9        else:
```

```
10              print(money * 0.95, end=" 元 \n")    #九五折
11  else:
12      print(money, end=" 元 \n")    #未打折
```

程式說明

▼ 1　　　由於輸入的金額還要加以計算，所以轉換為整數資料型態。

▼ 2　　　2 及 11 列為外層判斷式，若金額達 10000 元以上就執行 3-10 列
　　　　的內層判斷式。

▼ 3-4　　若金額達 100000 元以上就執行第 4 列將金額打八折，使用 end 參
　　　　數加入「元」並且換行。

▼ 5-8　　分別打八五折及九折。

▼ 9-10　　內層判斷式結束：金額在 10000-30000 元間打九五折。

▼ 11-12　外層判斷式：金額未達 10000 元不打折。

 延伸練習

a、b 和 c 是 3 個不同的正整數，輸入後利用巢狀判斷式，找出數字中最大的
數。(<maxnum.py>)

```
IPython console
  Console 1/A

請輸入 a 的值：3

請輸入 b 的值：1

請輸入 c 的值：2
最大值為 3
```

```
IPython console
  Console 1/A

請輸入 a 的值：2

請輸入 b 的值：1

請輸入 c 的值：3
最大值為 3
```

■ Python 語言以冒號 「:」及縮排來表示程式區塊,縮排時建議使用 4 個空白鍵。

■ **有條件跳躍**:根據比較運算或邏輯運算的條件式來判斷程式執行的流程,若條件式結果為 True,就執行跳躍。

■ **迴圈**:根據比較運算或邏輯運算條件式的結果為 True 或 False 來判斷,以決定是否重複執行指定的程式。

■ 「if…」為 **單向判斷式**,當條件式為 True 時,就會執行程式區塊的敘述;當條件式為 False 時,則不會執行程式區塊的敘述。

```
if 條件式 :
    程式區塊
```

■ 「if…else…」為 **雙向判斷式**,當條件式為 True 時,會執行 if 後的程式區塊一;當條件式為 False 時,會執行 else 後的程式區塊二。

```
if 條件式 :
    程式區塊一
else:
    程式區塊二
```

■ 「if…elif…else」為 **多向判斷式**,在多項條件式中如果為 True 時,就執行相對應的程式區塊,如果都是 False,則執行 else 後的程式區塊。

```
if 條件式一 :
    程式區塊一
elif 條件式二 :
    程式區塊二
    .........
[else:]
    else 程式區塊
```

■ 在判斷式之內可以包含判斷式,稱為巢狀判斷式。

綜 合 演 練

一、選擇題

(　　) 1. Python 語言以下列哪一個符號及縮排來表示程式區塊？

(A)「:」 (B)「!」 (C)「#」 (D)「\」

(　　) 2.「if 條件式:」的敘述中，下列哪一項正確？

(A) 當條件式為 False 時，就會執行程式區塊的敘述。

(B) 當條件式為 True 時，就會執行程式區塊的敘述。

(C) 當條件式改變時，就會執行程式區塊的敘述。

(D) 當發生錯誤時，就會執行程式區塊的敘述。

(　　) 3.「if…elif…else」條件式中，如果所有條件式都是 False，則執行下列哪一程式區塊？

(A) if (B) elif (C) else (D) 不會執行程式區塊的敘述

(　　) 4.「if …else…」條件式的敘述中，下列哪一項正確？

(A) 條件式只可使用關係運算式。

(B) 條件式只可使用邏輯運算式。

(C) 當條件可以是關係運算式，也可以是邏輯運算式。

(D) 以上皆不正確。

(　　) 5. 變數 a 的值為 3，執行下列程式後顯示的結果為何？

```
if (a==5):
    print("1",end="")
print("2",end="")
```

(A) 1 (B) 2 (C) 12 (D) 不顯示任何內容

(　　) 6. 變數 a 的值為 5，執行下列程式後顯示的結果為何？

```
if (a==5):
    print("1",end="")
else:
    print("2",end="")
```

(A) 1 (B) 2 (C) 12 (D) 不顯示任何內容

( ) 7. 變數 a 的值為 4，執行下列程式後顯示的結果為何？

```
if (a==5): print("1",end="")
elif (a!=4): print("2",end="")
else: print("3",end="")
```

(A) 1　　(B) 2　　(C) 3　　(D) 123

( ) 8. 變數 a 的值為 20000，執行下列程式後顯示的結果為何？

```
if (a >= 10000):
    if (a >= 100000):
        print(a * 0.5, end=" 元 \n")
    elif (a >= 50000):
        print(a * 0.8, end=" 元 \n")
    else:
        print(a * 0.9, end=" 元 \n")
else:
    print(a, end=" 元 \n")
```

(A) 10000.0 元　(B) 16000.0 元　(C) 18000.0 元　(D) 20000.0 元

( ) 9. 變數 a = 3、b=7，執行下列程式後顯示的結果為何？

```
if (a>5 or b>5):
    print(a)
else:
    print(b)
```

(A) 3　　(B) 7　　(C) 37　　(D) 不顯示任何內容

( ) 10.變數 a = 3、b=7，執行下列程式後顯示的結果為何？

```
if (a>5 and b>5):
    print(a)
else:
    print(b)
```

(A) 3　　(B) 7　　(C) 37　　(D) 不顯示任何內容

綜合演練

二、實作題

1. 老師規定，遲到 20 分鐘以上 (含) 者要罰款 10 元。使用者輸入遲到分鐘數後會顯示罰款數目。

```
📁  Console 1/A  ✕

請輸入遲到分鐘數：25
你的罰款為 10 元
```

```
📁  Console 1/A  ✕

請輸入遲到分鐘數：15
你的罰款為 0 元
```

2. 大匹設計了一個判斷奇數、偶數的程式，只要輸入正整數後，就能精準判斷該數是「奇數」或「偶數」，真神奇。

```
IPython console
📁  Console 1/A  ✕

請輸入正整數：123
123 為奇數！
```

```
IPython console
📁  Console 1/A  ✕

請輸入正整數：864
864 為偶數！
```

3. a=40、b=5，讓使用者輸入加、減、乘、除運算子，就會顯示運算結果；若輸入其他符號，則顯示無法運算訊息。

```
📁  Console 1/A  ✕

a = 40 , b = 5
請輸入要執行的運算 (+、-、*、/)：+
a + b = 45
```

```
📁  Console 1/A  ✕

a = 40 , b = 5
請輸入要執行的運算 (+、-、*、/)：-
a - b = 35
```

```
📁  Console 1/A  ✕

a = 40 , b = 5
請輸入要執行的運算 (+、-、*、/)：*
a * b = 200
```

```
📁  Console 1/A  ✕

a = 40 , b = 5
請輸入要執行的運算 (+、-、*、/)：/
a / b = 8.0
```

```
📁  Console 1/A  ✕

a = 40 , b = 5
請輸入要執行的運算 (+、-、*、/)：#
無法執行運算！
```

4. 所得稅課稅的稅率是依繳稅者的收入金額計算，若金額在 2000000 元及以上稅率為 30%，1000000-1999999 元稅率為 21%，600000-999999 元稅率為 13%，300000-599999 元稅率為 6%，299999 元及以下免稅，請設計程式輸入收入金額後，就會計算出應繳稅額。

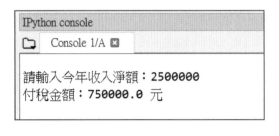

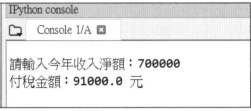

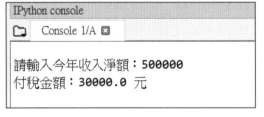

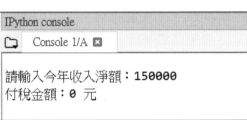

5. 請設計程式判斷使用者輸入的西元年是否為閏年 (平年)，閏年的規則是：

　(1) 西元年若是可以被 100 整除，又能被 400 整除則是閏年。

　(2) 西元年若不可以被 100 整除，但卻能被 4 整除則為閏年。

Chapter

04

迴圈

4.1 range 函式

電腦最擅長處理的工作就是重複執行的事情,而日常生活中到處充斥著這種不斷重複的現象,例如家庭中每個月固定要繳的各種帳單,這些如果能以電腦來加以管理,將可減輕許多負擔。

4.1.1 認識 range 函式

Python 程式專門用來處理重複事件的命令稱為「迴圈」。Python 迴圈命令有 2 個:for 迴圈用於執行固定次數的迴圈,while 迴圈用於執行次數不固定的迴圈。迴圈最常使用整數循序數列,例如「1,2,3,⋯⋯」,每個數列的內容稱為數列的元素,range 函式的功能就是建立整數循序數列。

4.1.2 range 函式的語法

range 函式單一參數

range 函式使用 1 個參數的語法為:

```
數列變數 = range ( 整數值 )
```

產生的數列是 0 到「整數值 - 1」的串列,例如:

```
list1 = range(5)  # 數列為 0,1,2,3,4
```

將 range 函式產生的數列轉換為串列 list (串列會在第 5 章詳細說明),即可觀察其結果。例如:

```
list1 = range(5)
print(list(list1))  #list1 串列為 [0,1,2,3,4]
```

range 函式二個參數

range 函式包含 2 個參數的語法為:

```
數列變數 = range ( 起始值 , 終止值 )
```

產生的數列是由起始值到「終止值 - 1」的串列，例如：

```
list2 = range(3, 8)    # 數列為 3,4,5,6,7
```

起始值及終止值皆可為負整數，例如：

```
list3 = range(-2, 4)    # 數列為 -2,-1,0,1,2,3
```

如果起始值大於或等於終止值，產生的是空串列 (數列中無任何元素)。

range 函式三個參數

range 函式包含 3 個參數的語法為：

```
數列變數 = range ( 起始值 , 終止值 , 間隔值 )
```

產生的數列是由起始值開始，每次遞增間隔值，到「終止值 - 1」為止的數列，例如：

```
list4 = range(3, 8, 1)    # 數列為 3,4,5,6,7
list5 = range(3, 8, 2)    # 數列為 3,5,7，數列每次增加 2
```

間隔值也可為負整數，此時起始值必須大於終止值，產生的數列是由起始值開始，每次會遞減間隔值，直到「終止值 + 1」為止的數列，例如：

```
list6 = range(8, 3, -1)    # 數列為 8,7,6,5,4 ，數列每次遞減 1
```

 範例實作：以 range 函式建立數列

以不同參數的語法建立 range 數列，觀察各種數列的結果。

```
[0, 1, 2, 3, 4, 5, 6, 7, 8, 9]
[1, 2, 3, 4, 5, 6, 7, 8, 9]
[1, 3, 5, 7, 9]
[10, 8, 6, 4, 2]
```

程式碼：ch04\range.py

```
1   list1=range(10)
2   list2=range(1,10)
3   list3=range(1,10,2)
4   list4=range(10,1,-2)
5   print(list(list1))  # [0, 1, 2, 3, 4, 5, 6, 7, 8, 9]
6   print(list(list2))  # [1, 2, 3, 4, 5, 6, 7, 8, 9]
7   print(list(list3))  # [1, 3, 5, 7, 9]
8   print(list(list4))  # [10, 8, 6, 4, 2]
```

程式說明

▼ 1   range(10) 產生 0~9 的整數數列。

▼ 2   range(1,10) 產生 1~9 的整數數列。

▼ 3   range(1,10,2) 產生 1~9 的整數數列，數列間隔值為 2。

▼ 4   range(10,1,-2) 產生 10~2 的整數數列，數列間隔值為 -2。

4.2 for 迴圈

for 迴圈通常用於執行固定次數的迴圈，其基本語法結構為：

```
for 變數 in 數列：
    程式區塊
```

執行 for 迴圈時，系統會將數列的元素依序做為變數的值，每次設定變數值後就會執行「程式區塊」一次，即數列有多少個元素，就會執行多少次「程式區塊」。以實例解說：

```
1 for n in range(3):        #產生 0,1,2 的數列
2     print(n, end=",")     #執行結果為：0,1,2,
```

開始執行 for 迴圈時，變數 n 的值為「0」，第 2 列程式列印「0,」；然後回到第 1 列程式設定變數 n 的值為「1」，再執行第 2 列程式列印「1,」；同理回到第 1 列程式設定變數 n 的值為「2」，再執行第 2 列程式列印「2,」，數列元素都設定完畢，程式就結束迴圈。

for 迴圈的流程如下：

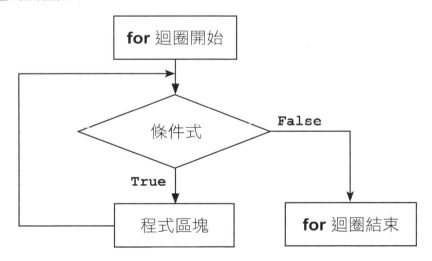

使用 range 函式可以設定 for 迴圈的執行次數，例如要列印全班成績，若班上有 30 位同學，列印程式碼為 (注意第 2 個參數終止值是 31)：

```
for i in range(1,31):
    列印程式碼
```

範例實作：顯示正整數數列

叮叮利用 range 函式，設計一個簡易的數列，使用者只要輸入一個正整數，程式就會顯示由 1 到該整數的整數數列。(<numshow.py>)

程式碼：ch04\numshow.py

```
1 n = int(input("請輸入正整數:"))
2 for i in range(1, n+1):
3     print(i,end=" ")
```

程式說明

▼ 1　　　取得輸入資料並轉為整數。

▼ 2-3　　以迴圈顯示 1~n 的正整數列，數值之間以空白字元分隔。注意第 2 列程式第 2 個參數需用「n+1」。

上面範例的執行過程：

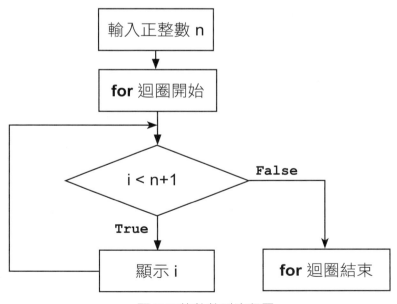

▲ 顯示正整數數列流程圖

範例實作：計算正整數總和

小龍參考叮叮利用 range 函式設計的數列程式，改進為可以計算數列的總和，只要輸入一個正整數，程式就會計算由 1 到該整數的總和。(<numtotal.py>)

```
IPython console

Console 1/A

請輸入正整數：10
1 到 10 的整數和為 55
```

```
IPython console

Console 1/A

請輸入正整數：50
1 到 50 的整數和為 1275
```

程式碼：ch04\numtotal.py

```
1 sum = 0
2 n = int(input(" 請輸入正整數:"))
3 for i in range(1, n+1):
4     sum += i
5 print("1 到 %d 的整數和為 %d" % (n, sum))
```

程式說明

- 1　　　設定 sum 初值為 0。
- 2　　　輸入正整數 n。
- 3-4　　以迴圈計算 1+2+...+n 的總和。注意第 3 列程式第 2 個參數需用「n+1」。
- 4　　　求總和的運算式是 sum +=i。

延伸練習

老師出題，要同學輸入一個正整數後，利用 range 函式顯示由 1 到該整數的所有奇數，結果叮叮不到 1 分鐘就設計完成了。(<odd.py>)

```
IPython console

Console 1/A

請輸入正整數：15
1 3 5 7 9 11 13 15
```

```
IPython console

Console 1/A

請輸入正整數：12
1 3 5 7 9 11
```

4.2.1 巢狀 for 迴圈

與「if…elif…else」相同，for 迴圈之中也可以再包含 for 迴圈，稱為巢狀 for 迴圈。使用巢狀 for 迴圈時需特別注意執行次數的問題，因為它是各層迴圈的乘積，執行次數太多會耗費相當長時間，可能讓使用者以為電腦當機，例如：

```python
n = 0
for i in range(1,10001):
    for j in range(1,10001):
        n += 1
print(n)
```

當外層迴圈及內層迴圈都是執行一萬次，則「n+=1」總共會執行一億次 (10000x10000)，執行時間視 CPU 速度約需十餘秒到數十秒。

下面範例建立兩層迴圈，內層迴圈的執行次數會依外層迴圈的變數值而改變，如此可將顯示的「井」字排列成三角形。

 範例實作：井字直角三角形

利用兩層迴圈列印「井」字，將其排列成直角三角形。(<fornest.py>)

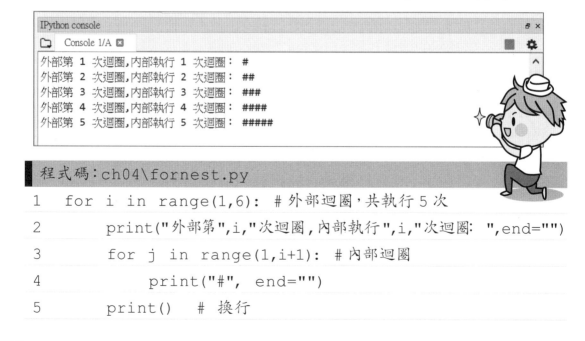

程式碼：ch04\fornest.py

```python
1  for i in range(1,6):  # 外部迴圈，共執行 5 次
2      print("外部第",i,"次迴圈,內部執行",i,"次迴圈: ",end="")
3      for j in range(1,i+1):  # 內部迴圈
4          print("#", end="")
5      print()   # 換行
```

程式說明

�▼ 1   建立外層 for 迴圈，共執行 5 次。

▼ 2   顯示訊息。

▼ 3   建立內層 for 迴圈，執行次數由外層迴圈的 i 變數值決定（第二個參數 j<i+1），即第一次列印一個「井」字，第二次列印兩個「井」字，依此類推。

▼ 4   列印「井」字。

▼ 5   每一次外部迴圈都由新的一列開始，所以加入換行字元。

第一次執行外部迴圈時 i 的值為 1，內部迴圈只執行一次，所以列印一個「井」字；第二次執行外部迴圈時 i 的值為 2，內部迴圈需執行兩次，所以列印兩個「井」字；依此類推，直到執行完 i 等於 5 的迴圈。

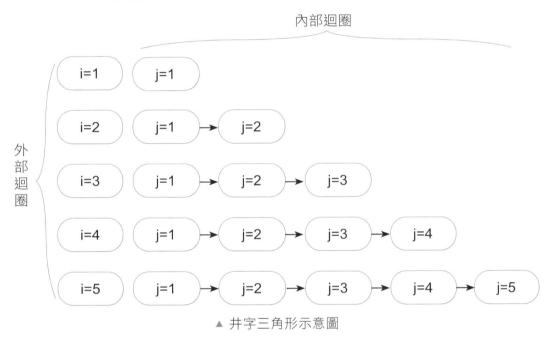

▲ 井字三角形示意圖

 範例實作：九九乘法表

利用兩層 for 迴圈列印九九乘法表。(<ninenine.py>)

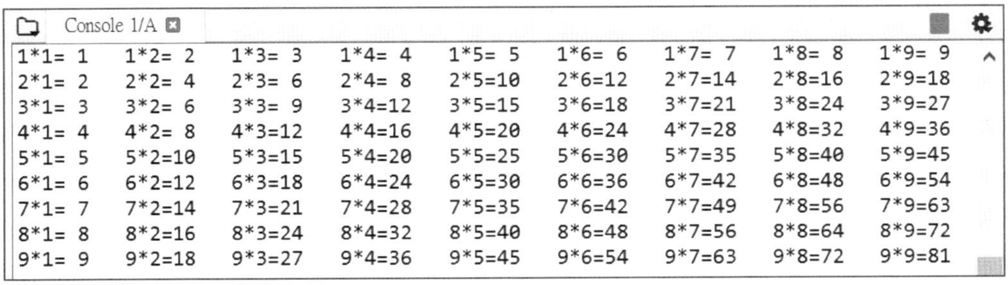

```
Console 1/A
1*1= 1    1*2= 2    1*3= 3    1*4= 4    1*5= 5    1*6= 6    1*7= 7    1*8= 8    1*9= 9
2*1= 2    2*2= 4    2*3= 6    2*4= 8    2*5=10    2*6=12    2*7=14    2*8=16    2*9=18
3*1= 3    3*2= 6    3*3= 9    3*4=12    3*5=15    3*6=18    3*7=21    3*8=24    3*9=27
4*1= 4    4*2= 8    4*3=12    4*4=16    4*5=20    4*6=24    4*7=28    4*8=32    4*9=36
5*1= 5    5*2=10    5*3=15    5*4=20    5*5=25    5*6=30    5*7=35    5*8=40    5*9=45
6*1= 6    6*2=12    6*3=18    6*4=24    6*5=30    6*6=36    6*7=42    6*8=48    6*9=54
7*1= 7    7*2=14    7*3=21    7*4=28    7*5=35    7*6=42    7*7=49    7*8=56    7*9=63
8*1= 8    8*2=16    8*3=24    8*4=32    8*5=40    8*6=48    8*7=56    8*8=64    8*9=72
9*1= 9    9*2=18    9*3=27    9*4=36    9*5=45    9*6=54    9*7=63    9*8=72    9*9=81
```

程式碼：ch04\ninenine.py

```
1 for i in range(1,10):
2     for j in range(1,10):
3         product = i * j
4         print("%d*%d=%2d " % (i, j, product), end="")
5     print()
```

程式說明

▼ 1-2　　內外兩層各執行 9 次的 for 迴圈。

▼ 4　　　列印乘法算式：格式「2d」表示列印佔 2 個字元的整數，並靠右對齊；「end=""」表示不換行，在同一列列印。

▼ 5　　　內層迴圈執行完後換行。

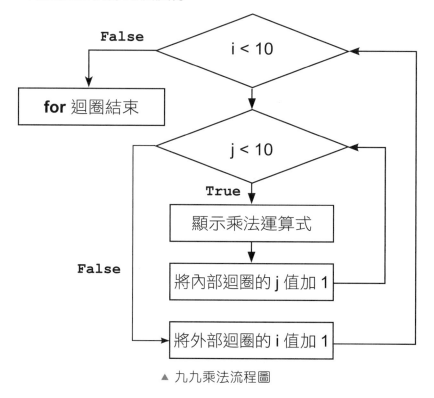

▲ 九九乘法流程圖

小凱有天突發奇想，利用巢狀 for 迴圈設計了數字三角形，使用者輸入一個正整數後，程式會顯示由 1 到該整數的三角形數字數列。(<triangle_cl.py>)

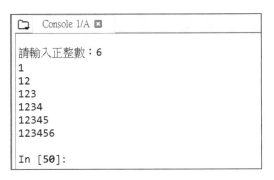

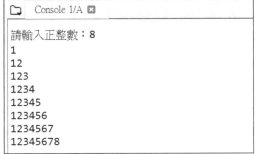

4.2.2 break 命令

迴圈執行時，如果要在中途結束迴圈執行，可以使用 break 命令強制離開迴圈，例如：

```
for i in range(1,11):
    if(i==6):
        break
    print(i, end=",")        # 執行結果:1,2,3,4,5,
```

迴圈執行時，「i=1」不符合「i==6」的條件式，會列印「1,」；同理，i 為 2 到 5 時都不符合「i==6」的條件式，因此皆會列印數字；當「i=6」時符合「i==6」的條件式，就執行 break 命令離開迴圈而結束程式。

範例實作：找最小公倍數

所有可被 a、b 同時整除的數，稱為 a、b 的公倍數，眾多公倍數之中最小的即為最小公倍數。小凱靈機一動，馬上利用 for 迴圈設計這個程式，當輸入 a、b 兩個正整數後，立即可以找出其最小公倍數。(<multiple.py>)

```
IPython console
  Console 1/A ☒

請輸入 a 的值：4

請輸入 b 的值：6
4 和 6 的最小公倍數=12
```

```
IPython console
  Console 1/A ☒

請輸入 a 的值：9

請輸入 b 的值：15
9 和 15 的最小公倍數=45
```

程式碼：ch04\multiple.py

```python
1   a = int(input(" 請輸入 a 的值:"))
2   b = int(input(" 請輸入 b 的值:"))
3   maxno = a * b
4   for i in range(1, maxno+1):
5       if(i % a == 0 and i % b == 0):
6           break
7   print("%d 和 %d 的最小公倍數 =%d"  % (a, b, i))
```

程式說明

▼ 1-2   輸入 a、b 兩個整數。

▼ 3   數列最大的值為 a * b。

▼ 4   由 1 開始逐一尋找，直到數列最大的值加 1 為止。

▼ 5-6   如果找到一個數可以被 a 和 b 同時整除，第一個找到的數就是最小公倍數，以 break 結束 for 迴圈。

▼ 7   顯示最小公倍數。

4.2.3 continue 命令

continue 命令則是在迴圈執行中途暫時停住不往下執行，而跳到迴圈起始處繼續執行，例如：

```python
for i in range(1,11):
    if(i==6):
        continue
    print(i, end=",")        # 執行結果:1,2,3,4,5,7,8,9,10,
```

迴圈執行時，「i=1」不符合「i==6」的條件式，會列印「1,」；迴圈依序進行，只有當「i=6」時符合「i==6」的條件式，就執行 continue 命令跳到迴圈起始處繼續執行，因此並未列印「6,」。

範例實作：顯示正整數數列，排除 5 的倍數

建安生日是 5 月 5 日，但他其實不喜歡過生日，所以他寫了一個可以排除數列中 5 的倍數的程式，使用者只要輸入一個正整數，程式會顯示由 1 到該整數的整數數列，但會將 5 的倍數排除。(<except5.py>)

IPython console
☐ Console 1/A ☒
請輸入正整數：12
1 2 3 4 6 7 8 9 11 12

IPython console
☐ Console 1/A ☒
請輸入正整數：21
1 2 3 4 6 7 8 9 11 12 13 14 16 17 18 19

程式碼：ch04\except5.py

```
1    n = int(input(" 請輸入正整數:"))
2    for i in range(1, n+1):
3        if i % 5 ==0:
4            continue
5        print(i,end=" ")
```

程式說明

▶ 1　　　取得輸入資料並轉為整數。

▶ 2-5　　以迴圈顯示 1~n 的正整數列。注意第 2 列程式第 2 個參數需用「n+1」。

▶ 3-4　　如果可被 5 整除，以 continue 跳到第 2 列 for 迴圈。

▶ 5　　　顯正整數，數值之間以空白字元分隔。

延伸練習

請設計程式幫樓層命名，並避開「4」這個樓層。輸入大樓的樓層數後，如果是三層以下，會正常顯示樓層命名；如果是四層（含）以上，顯示樓層命名時會跳過四樓不顯示。(<floor.py>)

IPython console
☐ Console 1/A ☒
請輸入大樓的樓層數：3
本大樓具有的樓層為：
1 2 3

IPython console
☐ Console 1/A ☒
請輸入大樓的樓層數：10
本大樓具有的樓層為：
1 2 3 5 6 7 8 9 10 11

4.3 while 迴圈

while 迴圈通常用於沒有固定次數的情況，其基本語法結構為：

```
while 條件式 :
    程式區塊
```

條件式的「( )」可以省略，如果條件式的結果為 True 就執行程式區塊，若條件式的結果為 False，就結束 while 迴圈繼續執行 while 迴圈後面的程式碼。例如：

```
1 total = n = 0
2 while n <= 10:
3     total += n
4     n += 1
5 print(total)    #1+2+……+10=55
```

迴圈開始時「n=0」，符合「n<=10」條件，所以執行第 3-4 列程式計算總和並將 n 加 1，然後回到第 2 列迴圈起始處，依此類推。直到「n=11」時，不符合「n<=10」條件就跳出 while 迴圈。

while 迴圈的流程如下：

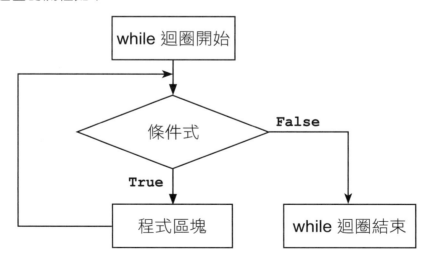

在使用 while 迴圈時要特別留意，必須設定條件判斷的中止條件，以便可以停止迴圈的執行，否則會陷入無窮迴圈的窘境。例如：

```
1 total = n = 0
2 while(n <= 10):
3     total += n
4 print(total)
```

因為設計者忘記將 n 的值遞增，造成 n 的值永遠為 0，而使條件式永遠為 True，無法離開迴圈。執行時，程式將宛如當機，沒有任何回應。此時唯有按 **Ctrl + C** 鍵中斷程式執行，才能恢復系統運作。

 範例實作：while 迴圈計算階乘

數學上定義 n 的階乘是「n!=1*2*3*…*n」，所以 1!=1、2!=1*2=2、3!=1*2*3=6，國隆知道後馬上就用 while 設計這個程式。當使用者輸入一個正整數 n 後，程式就會顯示由 1*2*3*...*n 的乘積，順便考考你，100! 電腦算得出來嗎？如果可以，後面有幾個 0 呢？。(<while.py>)

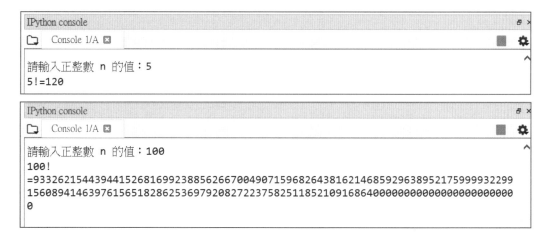

█ 程式碼：ch04\while.py

```
1  total = i = 1
2  n = int(input("請輸入正整數 n 的值:"))
3  while i<=n:
4      total *= i
5      i+=1
6  print("%d!=%d" % (n, total))
```

程式說明

- ▶ 1　　　設定 total、i 初值為 1。
- ▶ 2　　　取得輸入資料 n 並轉換為整數。
- ▶ 3-4　　如果 i <= n 就以 total *= i 累計乘積。
- ▶ 5　　　將 i 加 1。
- ▶ 6　　　顯示 1*2*3*...*n 的乘積。

 延伸練習

老師今天心情特別好，出了一個超級簡單的題目，要同學利用 while 設計一個程式。輸入一個正整數後，顯示由 1 到該整數的所有偶數。(<even.py>)

■ **range 函式** 的功能就是建立整數循序數列，宣告方式如下：

數列變數 = range (整數值)

數列變數 = range (起始值 , 終止值)

數列變數 = range (起始值 , 終止值 , 間隔值)

■ **for 迴圈** 主要用於固定次數的迴圈，宣告方式如下：

for 變數 in 數列 :
    程式區塊

■ 若迴圈中又包含迴圈，就形成 **巢狀迴圈**。

■ **break 指令** 通常用於迴圈中，可以在迴圈執行中途強迫跳離迴圈，跳到迴圈後面的程式繼續執行。

■ **continue 指令** 通常也是用於迴圈中，是在迴圈執行中途暫時停住不往下執行，而跳到迴圈的起始處執行。

■ **while 迴圈** 主要用於沒有固定次數的迴圈，此方式是先檢查條件式成立才執行程式區塊，宣告方式如下：

while 條件式 :
    程式區塊

綜合演練

一、選擇題

(　　) 1. 執行下列程式，下列結果何者正確？

```
list1 = range(5)
print(list(list1))
```

(A) [1, 2, 3, 4]　(B) [1, 2, 3, 4,5]　(C) [0, 1, 2, 3, 4]

(D) [0, 1, 2, 3, 4,5]

(　　) 2. 執行下列程式，下列結果何者正確？

```
list1=range(6,0,-2)
print(list(list1))
```

(A) [6, 4, 2]　(B) [6, 0, -2]　(C) [6, 4, 2, 0]　(D) [6, 4, 2, 0, -2]

(　　) 3. 執行下列程式，結束迴圈後，n 的值為多少？

```
for n in range(1,5,2):
    print(n,end=" ")
print(" 結束迴圈後 n=",n)
```

(A) 1　　　(B) 3　　　(C) 5　　　(D) 7

(　　) 4. 執行 for 迴圈時，如果想要提前離開迴圈，應使用何種指令？

(A) break　(B) return　(C) exit　(D) pause

(　　) 5. 執行下列程式，下列結果何者正確？

```
list1 = range(5,-1,-2)
print(list(list1))
```

(A) [5,-1,-2]　(B) [5,4,3,2,1,0,-1]　(C) [5, 3, 1]

(D) [5,3,1,-1]

(　　) 6. while 迴圈若一開始測試條件就不成立，則 while 內程式區塊將會如何處理？

(A) 執行一次　(B) 一次都不執行　(C) 重複執行　(D) 編譯錯誤

( ) 7. 下列哪一個指令可在迴圈中跳過後面的敘述直接回到迴圈的開頭？

(A) exit　(B) return　(C) pause　(D) continue

( ) 8. 執行下列程式，結束迴圈後，sum 的值為多少？

```
sum = 0
n=8
for i in range(1, n+1,2):
    sum += i
print(sum)
```

(A) 8　　(B) 9　　(C) 16　　(D) 28

( ) 9. 執行下列程式，可看到多少個「#」字？

```
n=5
for i in range(1,n):
    for j in range(1,i+1):
        print("#", end="")
    print()
```

(A) 5　　(B) 6　　(C) 7　　(D) 10

( ) 10. 執行下列程式，結束迴圈後，total 的值為多少？

```
total = i = 1
n=5
while(i<=n):
    total *= i
    i+=1
print(total)
```

(A) 5　　(B) 24　　(C) 120　　(D) 720

二、實作題

1. 小民以 range(2,101,2) 建立一個 2,4,…,100 的偶數數列,聰明的他很快地就以 for 迴圈撰寫程式,計算 2 到 100 中所有偶數的總和。

```
Console 1/A ×
2+4+6+...+100= 2550
```

2. 阿龍小時候最喜歡背九九乘法表,現在他要利用 for 巢狀迴圈列出由 2 開始的九九乘法表。

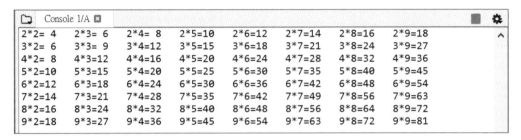

```
Console 1/A
2*2= 4    2*3= 6    2*4= 8    2*5=10    2*6=12    2*7=14    2*8=16    2*9=18
3*2= 6    3*3= 9    3*4=12    3*5=15    3*6=18    3*7=21    3*8=24    3*9=27
4*2= 8    4*3=12    4*4=16    4*5=20    4*6=24    4*7=28    4*8=32    4*9=36
5*2=10    5*3=15    5*4=20    5*5=25    5*6=30    5*7=35    5*8=40    5*9=45
6*2=12    6*3=18    6*4=24    6*5=30    6*6=36    6*7=42    6*8=48    6*9=54
7*2=14    7*3=21    7*4=28    7*5=35    7*6=42    7*7=49    7*8=56    7*9=63
8*2=16    8*3=24    8*4=32    8*5=40    8*6=48    8*7=56    8*8=64    8*9=72
9*2=18    9*3=27    9*4=36    9*5=45    9*6=54    9*7=63    9*8=72    9*9=81
```

3. 讓使用者輸入一個正整數後,程式會顯示由 1 到該整數的三角形「#」符號圖形。

```
Console 1/A ×
請輸入正整數:4
#
##
###
####
```

```
Console 1/A ×
請輸入正整數:6
#
##
###
####
#####
######
```

4. 小杰在 for 迴圈中使用 or 運算「if (i%3==0 or i%7==0)」,求出數值 1~100 中,所有是 3 或 7 倍數的數之總和。

```
Console 1/A
數值 1~100 中,所有是 3 或 7 倍數的數之總和 = 2208
```

5. 一個正整數除了 1 和自己外,無法再被其他數整除,這個數就是質數。請輸入一正整數,列出此數的所有正因數,並判斷此數字是否為質數?

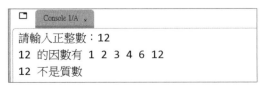

```
Console 1/A
請輸入正整數:12
12 的因數有 1 2 3 4 6 12
12 不是質數
```

```
Console 1/A
請輸入正整數:17
17 的因數有 1 17
17 是質數
```

Chapter 05

串列與元組

5.1 串列的使用

程式中的資料通常是以變數來儲存，如果有大量資料需要儲存時，就必須宣告龐大數量的變數。例如：某學校有 500 位學生，每人有 10 科成績，就必須有 5000 個變數才能完全存放這些成績，程式設計者要如何宣告 5000 個變數呢？在程式中又如何明確的存取某一特定的變數呢？

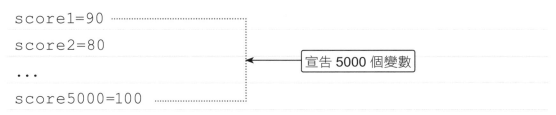

```
score1=90
score2=80
...
score5000=100
```

宣告 5000 個變數

5.1.1 何謂串列 (List)

串列 (又稱為「清單」或「列表」)，與其他語言的「陣列 (Array)」相同，其功能與變數相類似，是提供儲存資料的記憶體空間。每一個串列擁有一個名稱，做為識別該串列的標誌；串列中每一個資料稱為「元素」，每一個串列元素相當於一個變數，如此就可輕易儲存大量的資料儲存空間。

可以把串列想成是有許多相同名稱的箱子，連續排列在一起，這些箱子可以儲存資料，而每個箱子依序給予索引編號，如果要存取箱子中的資料，只要指定編號即可存取對應箱子內的資料。

▲ 串列元素配置

5.1.2 串列宣告

串列的功能與變數類似，其使用方法也類似。首先，在使用之前需先宣告，宣告時要指定識別字做為串列名稱，以便未來可用此名稱來存取這個串列。

一維串列宣告

一維串列的宣告方式是將元素置於中括號 ([]) 中，每個元素之間以逗號分隔，語法為：

```
串列名稱 = [ 元素 1, 元素 2,……]
```

例如：宣告 score 串列，其元素內容為 [1, 2, 3, 4, 5]。

以 print(score) 可以顯示 score 串列的內容。

```
print(score)   # [1, 2, 3, 4, 5]
```

串列中各個元素資料型態可以相同，也可以不同，例如：

```
list1 = [1, 2, 3, 4, 5]          # 元素皆為整數
list2 = [" 香蕉 ", " 蘋果 ", " 橘子 "] # 元素皆為字串
list3 = [1, " 香蕉 ", True]       # 包含不同資料型態元素
```

空串列

如果宣告時省略串列中的元素，該串列即為一個空的串列。例如：

```
list4=[]
```

多維串列宣告

串列的元素可以是另一個串列，這樣就形成多維串列。多維串列元素的存取是使用多個中括號組合，例如下面是二維串列的範例，其串列元素是帳號、密碼組成的串列：

```
list5=[["joe","1234"],["mary","abcd"], ["david","5678"]]
print(list5[1])      #["mary","abcd"]
print(list5[1][1])   #abcd
```

5.1.3 串列元素的存取

要存取串列中特定元素，是以元素在串列中的位置做為索引，將索引值置於中括號內，即可存取串列元素。

讀取串列元素

讀取串列元素的語法為：

```
串列名稱 [ 索引值 ]
```

例如：取得 list1 串列中索引值為 0（第 1 個元素）的元素內容，結果為 1。

```
list1 = [1, 2, 3, 4, 5]
print(list1[0])    #1
```

注意索引值是從 0 開始計數：第一個元素索引值為 0，第二個元素索引值為 1，依此類推。索引值不可超出串列的範圍，否則執行時會產生「list index out of range」錯誤。例如：

```
list2 = ["香蕉", "蘋果", "橘子"]
print(list2[1])    # 蘋果
print(list2[2])    # 橘子
print(list2[3])    # 錯誤，索引值超過範圍
```

索引值可以是負值，表示由串列的最後向前取出，「-1」表示最後一個元素，「-2」表示倒數第二個元素，依此類推。同理，負數索引值不可超出串列的範圍，否則執行時會產生錯誤。例如：

```
list3 = ["香蕉", "蘋果", "橘子"]
print(list3[-1])    # 橘子
print(list3[-3])    # 香蕉
print(list3[-4])    # 錯誤，索引值超過範圍
```

讀取串列元素範圍

除了讀取串列單一元素外，還可以讀取指定的範圍元素值，的語法為：

```
串列名稱 [ 起始索引 : 終止索引 : 間隔值 ]
```

是由串列中起始索引的元素開始，取到終止索引前的元素 (不包含終止索引值) 為止，其中間隔值可以省略，預設值為 1。

例如：取得 list1 串列中索引值 1 到索引值 4 前 (不包含索引值 4) 的元素內容，結果為 2,3,4。

```
list1 = [1, 2, 3, 4, 5]
print(list1[1:4])  # 2, 3, 4
```

 範例實作：串列初值設定

小寶將這次期中考的國、英、數成績存在串列中，他建立一個包含三個整數元素的串列，代表這三科的成績，再依序顯示各科成績。(<list1.py>)

```
IPython console                                          ⊡ ×
  Console 1/A ☒                                          ■ ✿
國文成績：85 分                                            ∧
數學成績：79 分
英文成績：93 分
```

▌ 程式碼：ch05\list1.py

```
1 scores = [85, 79, 93]
2 print("國文成績:%d 分 " % scores[0])
3 print("數學成績:%d 分 " % scores[1])
4 print("英文成績:%d 分 " % scores[2])
```

程式說明

▼ 1 　　　建立串列。
▼ 2-4 　　依序顯示各科成績。

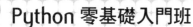

小安上課非常認真，想要證明老師上課說 Python 串列可以使用負值當作索引，他先建立一個包含三個字串元素的串列，names=[" 林小虎 "," 王中森 "," 邵木淼 "]，最後依倒數順序顯示出串列最後兩位學生姓名。(<list1_cl.py>)

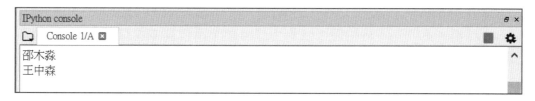

改變串列元素

串列初值設定之後，可以再改變原來串列元素內容，就像使用變數設定一般。
語法為：

串列名稱 [索引值] = 元素內容

例如：將 list1 串列中索引為 0 (第 1 個元素) 的元素內容，由 1 改變為 9。

```
list1 = [1, 2, 3, 4, 5]
print(list1[0])    # 1
list1[0]=9         # 更改為 9
print(list1[0])    # 9
```

5.2 使用 for … 迴圈讀取串列

由於串列索引具有循序性，配合 for 迴圈存取可以大量降低程式碼。

5.2.1 使用 for 變數 in 串列讀取串列

使用 for 迴圈可以讀取串列的元素，其基本語法結構為：

```
for 變數 in 串列：
    程式區塊
```

執行 for 迴圈時，系統會依序將串列的元素當作變數的值，每次設定變數值後就會執行「程式區塊」一次，即串列有多少個元素，就會執行多少次「程式區塊」。以實例解說：

```
1 list1 = ["香蕉", "蘋果", "橘子"]
2 for s in list1:
3     print(s, end=",")    #執行結果為：香蕉,蘋果,橘子,
```

開始執行 for 迴圈時，變數 s 的值為「香蕉」，第 3 列程式列印「香蕉,」；然後回到第 2 列程式設定變數 s 的值為「蘋果」，再執行第 3 列程式列印「蘋果,」；同理回到第 2 列程式設定變數 s 的值為「橘子」，再執行第 3 列程式列印「橘子,」，當串列元素都設定完畢，程式就結束迴圈。

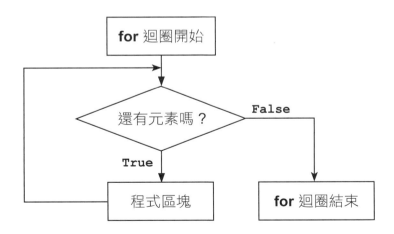

範例實作：使用 for 迴圈讀取串列元素

小杰自從設計密碼通關後，對程式設計更加有興趣，這次他打算建立一個包含三個不同型別元素的串列，分別包含了數值、字串和布林型別的元素，再利用 for 迴圈讀取串列的各個元素。(<list2.py>)

```
IPython console                                              □ ×
  Console 1/A ☒                                          ■  ✿
12                                                            ∧
Apple
True
```

程式碼：ch05\list2.py

```
1    items = [12, "Apple", True]
2    for item in items:
3        print(item)
```

程式說明

▼ 1　　　建立 items 串列。

▼ 2-3　　item 會依序取得 items 串列的元素並顯示。

延伸練習

叮叮也不甘示弱，他也建立一個包含三個字串的串列，names=[" 林小虎 "," 王中森 "," 邵木淼 "]，並且還依序在每位學生姓名前面加上編號後顯示。(<list2_cl.py>)

```
IPython console                                              □ ×
  Console 1/A ☒                                          ■  ✿
編號：1　姓名：林小虎                                          ∧
編號：2　姓名：王中森
編號：3　姓名：邵木淼
```

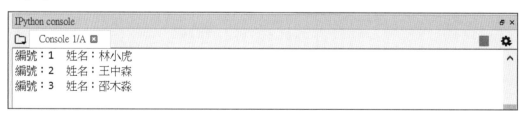

5.2.2 使用 for … range 迴圈讀取串列

由於迴圈可以 range() 函式遞增或遞減方式控制索引值,因此串列經常配合迴圈一起使用,這樣只要短短幾列程式碼,即能循序讀取所有串列的元素。

取得串列長度

迴圈中 range() 函式的範圍通常會利用 len() 函式計算串列的長度 (即元素的數量)。例如:計算 scores 串列的長度,顯示結果為 3。

```
scores = [85, 79, 93]
print(len(scores)) # 3
```

以 for in range 迴圈讀取串列

取得串列長度後,即可將串列長度設定為 range() 函式的範圍,然後以 for 迴圈循序讀取串列元素。

```
scores = [85, 79, 93]
for i in range(len(scores)):
    print(scores[i])
```

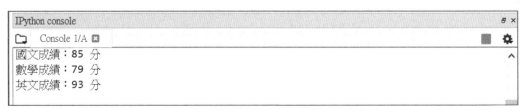
範例實作:利用迴圈配合索引讀取串列元素

剛接觸 for … range 迴圈讀取串列,老師出了一個暖身的題目。請同學建立 subjects 和 scores 串列,每個串列包含三個元素,即:subjects=[" 國文 "," 數學 "," 英文 "]、 scores = [85, 79, 93], 請以 for 迴圈顯示 subjects 和 scores 串列的元素。(<list3.py>)

```
IPython console                                    ⬓ ✕
 ▢  Console 1/A ☒                                  ■ ✿
國文成績:85 分                                        ⌃
數學成績:79 分
英文成績:93 分
                                                    ⌄
```

程式碼：ch05\list3.py

```
1    subjects=[" 國文 "," 數學 "," 英文 "]
2    scores = [85, 79, 93]
3    for i in range(len(scores)): # 即 for i in range(3):
4        print("%s成績:%d 分 " % (subjects[i],scores[i]))
```

程式說明

▸ 1-2   建立串列。

▸ 3   len(scores) 的長度為 3，range(len(scores)) 會產生數列 0,1,2。

▸ 4   以 subjects[i]、scores[i] 依序顯示各科名稱和成績，因為 i 的值為 0,1,2，因此會依序顯示 subjects[0]、scores[0] ~ subjects[2]、scores[2] 的串列元素。

延伸練習

由於同學表現都很好，老師決定出一個稍有變化的題目，並且給個提示：「使用遞減的數列」。請同學建立一個包含三個字串元素的串列，names=[" 林小虎 "," 王中森 "," 邵木淼 "]， 然後以 for 迴圈將學生姓名倒印顯示。(<list3_cl.py>)

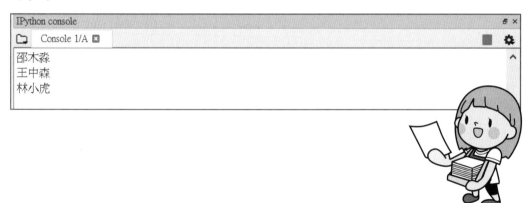

5.3 串列搜尋與計次

透過串列搜尋可以取得串列元素的索引值,也可以計算串列元素出現的次數。

5.3.1 index() 搜尋

index() 方法可以搜尋指定串列元素的索引值。語法:

```
索引值 = 串列名稱 .index ( 串列元素 )
```

若找到指定的串列元素,傳回第 1 次找到串列元素的索引值,若找不到指定的串列元素將出現錯誤。例如:

```
list1 = [" 香蕉 "," 蘋果 "," 橘子 "]
n = list1.index(" 蘋果 ")  #n=1
m = list1.index(" 梨子 ")  #ValueError:' 梨子 'is not in list
```

5.3.2 count() 計算次數

count() 方法可以計算指定串列元素出現的次數。語法:

```
次數 = 串列名稱 .count ( 串列元素 )
```

若找到指定的串列元素,傳回該串列元素出現的次數,若找不到指定的串列元素則傳回 0。例如:

```
list1 = [" 香蕉 "," 蘋果 "," 橘子 "]
n = list1.count(" 橘子 ")   #n=1
m = list1.count(" 梨子 ")   #m=0
```

5.4 串列元素新增和刪除

有時候我們希望在程式執行時新增或刪除串列元素，讓資料處理更加靈活。

5.4.1 增加串列元素

串列設定初始值後，如果要增加串列元素，不能直接以索引方式設定，必須以 append() 或 insert() 方法才能增加串列元素。

例如：定義串列 list1 = [1,2,3,4,5,6] 後，以 list1[6] 新增串列元素將會產生索引超出範圍 (list assignment index out of range) 的錯誤。

```
list1 = [1,2,3,4,5,6]
list1[6] = "新增元素"   #錯誤，因為索引超出範圍 ( 索引 6 不存在 )
```

append() 方法

append() 方法是將元素加在串列最後面，語法：

```
串列名稱 .append ( 元素值 )
```

append() 新增資料之後，串列的長度會增加 1，串列中也可以加入不同型別的元素。

例如：在 list1 串列最後面增加一個串列元素「金榜」。

```
list1 = [1,2,3,4,5,6]
list1.append(" 金榜 ") #list1=[1,2,3,4,5,6,' 金榜 ']
print(list1[6])          # 金榜
print(len(list1))        #7
```

insert() 方法

insert() 方法是將元素插入在串列中指定索引位置，語法：

```
串列名稱 .insert ( 索引值 , 串列元素 )
```

例如：在 list1 串列索引 3 的位置插入一個串列元素「紅榜」。

```
list1 = [1,2,3,4,5,6]
list1.insert(3,"紅榜")  #list1=[1,2,3,"紅榜",4,5,6]
print(list1[3])          # 紅榜
print(len(list1))        #7
```

如果索引值大於或等於串列元素個數，將如同 append() 方法一樣將串列元素加在最後面。

索引值也可以是負值，表示由串列的最後向前推算，「-1」表示最後一個元素，「-2」表示倒數第二個元素，依此類推。

例如：在 list1 串列索引第 -1、12 的位置插入串列元素。

```
list1 = [1,2,3,4,5,6]
list1.insert(-1, "愛")   #list1=[1, 2, 3, 4, 5, '愛', 6]
list1.insert(12, "台灣")  #list1=[1, 2, 3, 4, 5, '愛', 6, '台灣']
print(list1)             #[1, 2, 3, 4, 5, '愛', 6, '台灣']
print(len(list1))        #8
```

 範例實作：以串列計算班級成績

請為老師設計一個輸入成績的程式，將學生成績存入串列做為串列元素，如果輸入「-1」表示成績輸入結束，最後顯示班上總成績及平均成績。(<append1.py>)

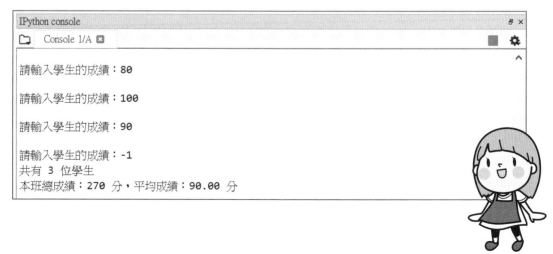

程式碼：ch05\append1.py

```
1    scores = []
2    total = inscore = 0
3    while(inscore != -1):
4        inscore = int(input("請輸入學生的成績:"))
5        if (inscore!=-1):    # 將成績加入 scores 串列中
6            scores.append(inscore)
7    print("共有 %d 位學生" % (len(scores)))
8    for score in scores:    # 將成績累加
9        total += score
10   average = total / (len(scores))    # 求平均值
11   print("本班總成績:%d 分,平均成績:%5.2f 分" % (total,
     average))
```

程式說明

▼1   建立空串列 scores。

▼2   total 儲存總成績，inscore 儲存輸入的成績，初值都設為 0。

▼3-4   重複輸入成績。

▼5-6   如果輸入值不是 -1，將輸入成績存入 scores 串列。

▼7   「len(scores)」取得串列元素數目。

▼8-9   以 for 迴圈逐一計算學生總分。

▼10   求平均值。

▼11   顯示總分和平均。

延伸練習

文靜是一位節儉的學生，每週都會將該週中每一天的存款記錄下來，請為文靜設計一個輸入該週存款的程式，最後顯示該週存款總和。(<append1_cl.py>)

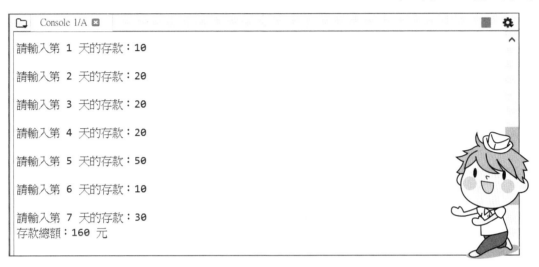

Console 1/A

請輸入第 1 天的存款：**10**

請輸入第 2 天的存款：**20**

請輸入第 3 天的存款：**20**

請輸入第 4 天的存款：**20**

請輸入第 5 天的存款：**50**

請輸入第 6 天的存款：**10**

請輸入第 7 天的存款：**30**
存款總額：**160** 元

5.4.2 刪除串列元素

刪除串列元素有下列方法，每種方法各有其使用的時機。

remove() 方法

remove() 方法是刪除串列中第一個指定的串列元素，若串列元素不在串列中，將會發生錯誤。語法：

```
串列名稱 .remove ( 串列元素 )
```

例如：刪除 list1 串列中「夏天」的串列元素。

```
list1 = ["春天","夏天"," 秋天","冬天"]
list1.remove("夏天")
print(list1)  #['春天', '秋天', '冬天']
```

pop() 方法

pop() 方法是由串列中取出元素,同時串列會將該元素移除。語法:

```
串列名稱 .pop ([ 索引值 ])
```

pop() 方法可以有參數,也可以沒有參數:如果沒有參數,會取出最後 1 個元素;如果有參數, 參數的資料型態必須為整數,就會取出以參數為索引值的元素。例如:

```
list1 = [1,2,3,4,5,6]
n = list1.pop()   #n=6, list1=[1,2,3,4,5]
n = list1.pop(2)  #n=3, list1=[1,2,4,5]
```

del 刪除串列元素

del 可以刪除變數、串列,也可以刪除串列元素。

del 刪除串列單一元素語法:

```
del 串列名稱 ( 索引值 )
```

刪除串列中指定索引值的元素,索引值也可以是負值,表示由串列的最後向前推算,若索引超出範圍,將發生錯誤。

del 刪除串列指定範圍元素的語法:

```
del 串列名稱 ( 起始值 : 終止值 [ : 間隔值 ])
```

刪除串列中索引始始值到終止值 -1 的元素,省略間隔值時預設值為 1。例如:

```
list1 = [1,2,3,4,5,6]
del list1[1]
print(list1) #[1,3,4,5,6]
list2=[1,2,3,4,5,6]
del list2[1:5:2]    # 刪除索引第 1、3 的串列元素
print(list2) #[1,3,5,6]
```

範例實作：刪除指定串列元素

小新媽媽上超市買水果，她都先把不喜歡的水果刪除，再將剩下的水果買回家，請為小新媽媽設計一個輸入不喜歡的水果後刪除的程式，並顯示剩下的水果，如果輸入 **Enter** 就結束輸入。(<remove1.py>)

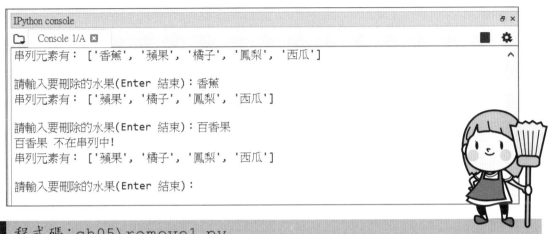

```
IPython console                                              □ ×
  Console 1/A
串列元素有： ['香蕉', '蘋果', '橘子', '鳳梨', '西瓜']

請輸入要刪除的水果(Enter 結束)：香蕉
串列元素有： ['蘋果', '橘子', '鳳梨', '西瓜']

請輸入要刪除的水果(Enter 結束)：百香果
百香果 不在串列中！
串列元素有： ['蘋果', '橘子', '鳳梨', '西瓜']

請輸入要刪除的水果(Enter 結束)：
```

程式碼：ch05\remove1.py

```python
1   fruits = ["香蕉","蘋果","橘子","鳳梨","西瓜"]
2   while True:
3       print("串列元素有:", fruits)
4       fruit = input("請輸入要刪除的水果(Enter 結束):")
5       if (fruit==""):
6           break
7       n = fruits.count(fruit)
8       if (n>0):   # 串列元素存在
9           fruits.remove(fruit)
10      else:
11          print(fruit,"不在串列中!")
```

程式說明

▼ 1　　　建立串列 fruits。

▼ 2-11　　重複輸入直到 **Enter** 鍵結束。

▼ 3　　　顯示 fruits 串列。

▼ 4　　　輸入要刪除的水果。

▶ 5-6　　Enter 鍵結束輸入。

▶ 7　　　計算水果在串列中的個數。

▶ 8-9　　如果水果在串列中將它刪除。

▶ 10-11　顯示水果不在串列中的訊息。

延伸練習

小新最喜歡「紅、藍、綠」三種顏色，請為小新設計一個程式，當輸入不喜歡的顏色時就將它刪除 (如果輸入 Enter 就結束輸入)。(<remove1_cl.py>)

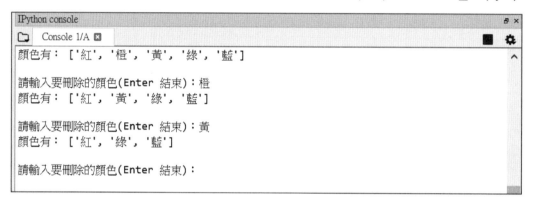

5.5 串列排序

可以將指定的串列由小到大或由大到小排序。

5.5.1 sort() 由小到大排序

sort() 方法將指定的串列由小到大排序。語法：

```
串列名稱.sort()
```

sort() 方法直接對原來的串列作排序，因此會改變原來的串列內容。

例如：將 list1 串列由小到大排序。

```
list1=[3,2,1,5]  #[3, 2, 1, 5]
list1.sort()
print(list1)  #[1, 2, 3, 5]
```

5.5.2 reverse() 反轉串列順序

reverse() 方法將指定的串列順序反轉。語法：

```
串列名稱.reverse()
```

reverse() 方法直接對原來的串列作順序反轉，因此會改變原來的串列內容。

例如：將 list1 串列順序反轉。

```
list1=[3,2,1,5]  #[3, 2, 1, 5]
list1.reverse()
print(list1)  #[5, 1, 2, 3]
```

5.5.3 由大到小排序

先以 sort() 方法將串列由小到大排序，再將排序後的串列反轉即可以將串列由大到小排序。語法：

```
串列名稱.sort()
串列名稱.reverse()
```

例如：將 list1 串列由大到小排序。(<sort1.py>)

```
list1=[3,2,1,5]  #[3, 2, 1, 5]
list1.sort()
print(list1)  #[1, 2, 3, 5]
list1.reverse()
print(list1)  #[5, 3, 2, 1]
```

5.5.4 sorted() 排序

前面以 sort() 方法排序會改變原來串列內容，有時候我們希望保留原來的串列不被破壞，這時就必須使用另一個 sorted() 方法。

sorted() 方法將指定的串列排序。語法：

```
串列名稱2 = sorted(串列名稱1,reverse=True)
```

「串列名稱 1」代表要排序的串列，「串列名稱 2」代表排序後的另一個串列，reverse 可以設定順序，True 由大到小排序，False 則由小到大排序，省略時預設為 False。 排序後 「串列名稱 1」內容不變，「串列名稱 2」則是排序後的結果。

例如：將 list1 串列由大到小排序，並儲存在 list2 串列。

```
list1=[3,2,1,5]    #[3, 2, 1, 5]
list2=sorted(list1,reverse=True)
print(list2)       #[5, 3, 2, 1]
print(list1)       #[3, 2, 1, 5]    # 原串列不變
```

範例實作：成績由大到小排序

周老師每次輸入學生成績後，都會進一步分析學生的狀況，請幫忙設計一個程式讓老師輸入學生成績，直到 **Enter** 鍵結束，最後將成績由大到小排序。(<sorted1.py>)

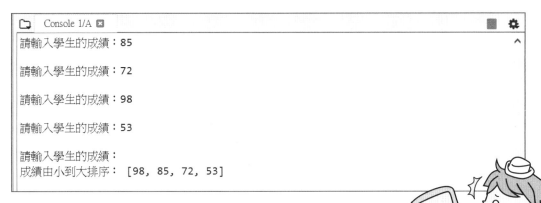

```
Console 1/A
請輸入學生的成績：85
請輸入學生的成績：72
請輸入學生的成績：98
請輸入學生的成績：53
請輸入學生的成績：
成績由小到大排序：[98, 85, 72, 53]
```

程式碼：ch05\sorted1.py

```
1    scores = []
2    while True:
3        inscore = input("請輸入學生的成績:")
4        if (inscore==""):
5            break
6        # 將成績轉為數值後加入 scores 串列中
7        scores.append(int(inscore))
8
9    scores2=sorted(scores,reverse=True)  # 由大到小排序
10   print(scores2)
```

程式說明

▼ 1　　　建立空串列 scores。
▼ 2-7　　重複輸入直到 **Enter** 鍵結束。
▼ 3　　　輸入成績。
▼ 4-5　　**Enter** 鍵結束輸入。
▼ 7　　　將成績轉為數值後加入 scores 串列中。
▼ 9　　　將成績由大到小排序後存入 scores2 串列中。
▼ 10　　顯示排序結果。

延伸練習

請幫忙設計一個程式讓老師輸入學生成績，直到 **Enter** 鍵結束，最後將成績由小到大排序。(<sorted1_cl.py>)

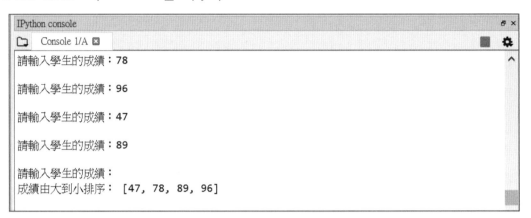

```
IPython console                                              ⊟ ×
  Console 1/A ⊠                                          ■  ✿
請輸入學生的成績：78                                              ∧

請輸入學生的成績：96

請輸入學生的成績：47

請輸入學生的成績：89

請輸入學生的成績：
成績由大到小排序： [47, 78, 89, 96]
```

5.6 串列常用方法列表

串列在 Python 中應用非常廣泛，因此有許多進階方法可對串列進行操作，以滿足各種需求。在下表中 list1=[1,2,3,4,5,6]，在不同串列常用方法的值為：

方法	說明	範例	範例結果
list1[n1:n2]	取出 n1 到 n2-1 元素	list2=list1[1:4]	list2=[2,3,4]
list1[n1:n2:n3]	取出 n1 到 n2-1 且間隔為 n3 元素	list2=list1[1:4:2]	list2=[2,4]
del list1[n1:n2]	刪除 n1 到 n2-1 元素	del list1[1:4]	list1=[1,5,6]
del list1[n1:n2:n3]	刪除 n1 到 n2-1 且間隔為 n3 元素	del list1[1:4:2]	list1=[1,3,5,6]
len(list1)	取得串列元素數目	len(list1)	6
min(list1)	取得元素最小值	min(list1)	1
max(list1)	取得元素最大值	max(list1)	6
list1.index(n)	n 元素的索引值	list1.index(3)	2
list1.count(n)	n 元素出現的次數	list1.count(3)	1
list1.append(n1)	將 n1 做為元素附加在串列最後	list1.append(8)	list1=[1,2,3,4,5,6,8]
list1.insert(n,n1)	在位置 n 加入 n1 元素	list1.insert(3,8)	list1=[1,2,3,8,4,5,6]
list1.pop()	移除串列中最後 1 個元素	list1.pop()	list1=[1,2,3,4,5]
list1.remove(n1)	移除第 1 次的 n1 元素	list1.remove(3)	list1=[1,2,4,5,6]
list1.reverse()	反轉串列順序	list1.reverse()	list1=[6,5,4,3,2,1]
list1.sort()	將串列由小到大排序	list1.sort()	list1=[1,2,3,4,5,6]

5.7 元組 (Tuple)

元組的結構與串列完全相同，不同處在於元組的元素個數及元素值皆不能改變，而串列則可以改變，所以一般將元組說成是「不能修改的串列」。

5.7.1 建立元組

元組的使用方式是將元素置於小括號中 (串列是中括號)，元素之間以逗號分隔，語法為：

```
元組名稱 = ( 元素 1, 元素 2, ……)
```

例如：

```
tuple1 = (1, 2, 3, 4, 5)      # 元素皆為整數
tuple2 = (1, "香蕉", True)    # 包含不同資料型態元素
```

元組的使用方式與串列相同，但不能修改元素值，否則會產生錯誤，例如：

```
tuple3 = ("香蕉", "蘋果", "橘子")
print(tuple3[1])        # 蘋果
tuple3[1] = "芭樂"      # 錯誤，元素值不能修改
```

串列的進階方法也可用於元組，但因為元組不能改變元素值，所以會改變元素個數或元素值的方法都不能在元組使用，例如 append、insert 等方法。

```
tuple4 = (1, 2, 3, 4, 5)
n = len(tuple4)   #n=5
tuple4.append(8)  # 錯誤，不能增加元素
```

比較起來，串列的功能遠比元組強大許多，使用元組有什麼好處呢？元組的優點為：

■ **執行速度比串列快**：因為其內容不會改變，因此元組的內部結構比串列簡單，執行速度較快。

■ **存於元組的資料較為安全**：因為其內容無法改變，不會因程式設計的疏忽而變更資料內容。

5.7.2 串列和元組互相轉換

串列和元組結構相似，只是元素是否可以改變而已，有時程式執行過程中有互相轉換的需求。Python 提供 list 命令將元組轉換為串列，tuple 命令將串列轉換為元組。

元組轉換為串列的範例實作：

```
tuple1 = (1,2,3,4,5)
list1 = list(tuple1)      # 元組轉換為串列
list1.append(8)           # 正確,在串列中新增元素
```

串列轉換為元組的範例實作：

```
list2 = [1,2,3,4,5]
tuple2 = tuple(list2)     # 串列轉換為元組
tuple2.append(8)          # 錯誤,元組不能增加元素
```

重點整理

■ 可以把串列想成是有許多相同名稱的箱子，連續排列在一起，這些箱子可以儲存資料，而每個箱子有不同編號，只要指定編號即可存取對應箱子內的資料。

一維串列的宣告的語法：

串列名稱 ＝ [元素 1, 元素 2, ……]

存取串列元素的語法為：

串列名稱 [索引]
串列名稱 [起始索引 : 終止索引 : 間隔值]

■ 索引值是從 0 開始計數：第一個元素值索引值為 0，第二個元素值索引值為 1，依此類推。索引值不可超出串列的範圍，否則執行時會產生「list index out of range」錯誤。

■ for 迴圈讀取串列的方法有下列兩種。

1. for 變數 in 串列：

2. for 變數 in range()：

■ index() 方法可以搜尋指定串列元素的索引值，count() 方法可以計算指定串列元素出現的次數。

■ append() 方法是將元素加在串列最後面，insert() 方法是將元素插入在串列中指定索引位置。

■ remove() 方法是刪除串列中第一個指定的串列元素，pop() 方法的功能是由串列中取出元素，同時串列會將該元素移除。

■ del 可以刪除變數、串列、也可以刪除串列元素。

■ sort() 方法將指定串列由小到大排序，reverse() 方法將指定串列順序反轉。

■ sorted() 方法將指定的串列排序，原來的串列不會被改變。

■ 元組的結構與串列完全相同，不同處在於元組的元素個數及元素值皆不能改變，而串列則可以改變，所以一般將元組說成是「不能修改的串列」。

一、選擇題

(　　) 1. 執行下列程式，下列結果何者正確？

```
list1 = [1, 2, 3, 4, 5]
print(list1[0])
```

(A) 0　(B) 1　(C) 2　(D) [1, 2, 3, 4,5]

(　　) 2. 執行下列程式，下列結果何者正確？

```
list4 = [" 香蕉 ", " 蘋果 ", " 橘子 "]
print(list4[-3])
```

(A) 香蕉　(B) 蘋果　(C) 橘子　(D) 錯誤，索引值超過範圍

(　　) 3. 執行下列程式，n 的值為多少？

```
scores = [85, 79, 93]
n=len(scores)
```

(A) 0　(B) 1　(C) 2　(D) 3

(　　) 4. 執行下列程式，n 的值為多少？

```
list1 = [" 香蕉 "," 蘋果 "," 橘子 "]
n = list1.index(" 蘋果 ")
```

(A) 0　(B) 1　(C) 2　(D) 3

(　　) 5. 執行下列程式，下列結果何者正確？

```
list1 = [" 香蕉 "," 蘋果 "," 橘子 "]
n = list1.count(" 西瓜 ")
```

(A) n=0　(B) n=1　(C) n=2　(D) 出現錯誤

(　　) 6. 執行下列程式，下列結果何者正確？

```
list1 = [1,2,3,4,5,6]
m = list1.pop()
n = list1.pop(2)
```

(A) m=1 n=6　(B) m=2 n=3　(C) m=6 n=2　(D) m=6 n=3

( ) 7. 執行下列程式，下列顯示結果何者正確？

```
list1 = [1,2,3,4,5,6]
list1.insert(-1, "愛")
list1.insert(12, "台灣")
print(list1[5])
```

(A) -1　(B) 12　(C) 愛　(D) 台灣

( ) 8. 執行下列程式，下列顯示結果何者正確？

```
list1 = [1,2,3,4,5,6]
del list1[1]
print(list1)
```

(A) [1,2,3,4,5,6]　(B) [2,3,4,5,6]　(C) [1,3,4,5,6]

(D) [1,2,3,4,5]

( ) 9. 執行下列程式，下列顯示結果何者正確？

```
list1=[3,2,1,5]
list1.reverse()
print(list1)
```

(A) [3,2,1,5]　(B) [1,2,3,5]　(C) [5,3,2,1]

(D) [5,1,2,3]

( )10. 執行下列程式，下列顯示結果何者正確？

```
list1=[3,2,1,5]
list2=sorted(list1,reverse=True)
print(list2)
```

(A) [3,2,1,5]　(B) [1,2,3,5]　(C) [5,3,2,1]
(D) [5,1,2,3]

二、實作題

1. 小智特別喜好偶數，現在他設計一個程式可以收集 numbers = [21, 4, 35, 1, 8, 7, 3, 6, 9] 串列中的偶數元素，放至另一個 even_numbers 串列中並顯示。

2. 輸入喜歡的水果，直到 **Enter** 鍵結束， 找尋 fruits = [" 香蕉 "," 蘋果 "," 橘子 "," 鳳梨 "," 西瓜 "] 水果串列是否包含此水果， 並顯示該水果是串列中的第幾項。

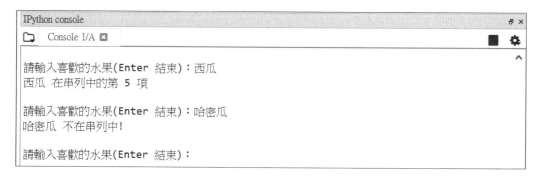

3. 小梅設計一個程式，利用一維串列，存放班上五位最要好同學的成績，並計算五位同學之總分及平均。

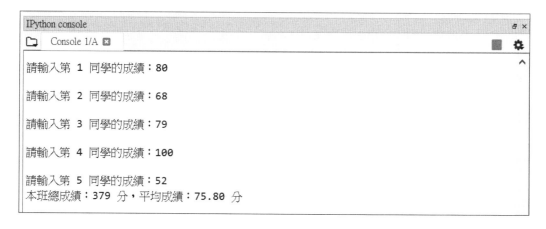

4. 建立一個串列儲存「星期一」到「星期日」，使用者輸入 1 到 7 的數字會顯示對應的星期日數。

5. 班長設計一個很特別的程式，以兩個一維串列 scores 、names，將班上最麻吉三位同學的姓名和成績輸入後，立即可找出成績最高分的同學，並顯示其姓名和成績，完成後得到大家不停的按讚。

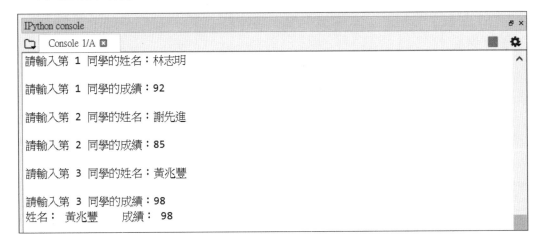

6. 西元 2021 年是牛年。請你開發一個程式：當使用者輸入他的出生西元年之後，畫面會顯示這個西元年的生肖。

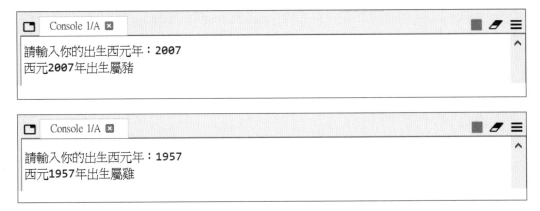

字典

6.1 字典基本操作

還記得怎麼查國語字典嗎？以查「開」字為例，先由部首目錄找到部首「門」在字典中的位置，剩下來的「开」筆畫為 4 畫，再於「門部首」 4 畫的地方就能找到「開」字。

Python 中「字典」資料型態與國語字典結構類似，其元素是以「鍵 - 值」對方式儲存，運作方式為利用「鍵」來取得「值」。

6.1.1 建立字典

串列資料依序排列，若要取得串列內特定資料，必須知道其在串列中的位置，例如一個水果價格的串列：

```
list1 = [20, 50, 30]    # 分別為香蕉、蘋果、橘子的價格
```

若要得知蘋果的價格，就要知道蘋果價格是串列第 2 個元素，再使用「list1[1]」取出蘋果價格，是不是很不方便呢？

字典的結構也與串列類似，其元素是以「鍵 - 值」對方式儲存，這樣就可使用「鍵」來取得「值」。有多種方式可以建立字典，第一種方式為將元素置於一對大括號「{}」中，其語法為：

```
字典名稱 = { 鍵 1：值 1,  鍵 2：值 2,  ……}
```

字串、整數、浮點數等皆可做為「鍵」，但以字串做為「鍵」的情況最多。

例如將前述水果價格串列建立為字典型態：

```
dict1 = {" 香蕉 ":20, " 蘋果 ":50, " 橘子 ":30}
```

建立字典的第二種方式是使用 dict 函式，再將鍵 - 值對置於中括號「[]」中，語法為：

```
字典名稱 = dict([[ 鍵 1, 值 1],  [ 鍵 2, 值 2],  ……])
```

例如：

```
dict2 = dict([[" 香蕉 ",20],  [" 蘋果 ",50],  [" 橘子 ",30]])
```

建立字典的第三種方式也是使用 dict 函式，只要將鍵與值以等號連接起來即可，語法為：

```
字典名稱 = dict(鍵1=值1, 鍵2=值2, ……)
```

例如：

```
dict3 = dict(香蕉=20, 蘋果=50, 橘子=30)
```

第三種建立字典的方式相當簡潔，但特別注意此種方式建立的字典「鍵」不能使用數值，否則執行時會產生錯誤。

6.1.2 字典取值

可以將字典想像成一個箱子，箱子中許多盒子，每個盒子都貼上標籤，標籤寫著盒子的名稱（鍵），盒子內則裝著指定的物品（值），與串列最大的不同在於串列元素在記憶體中是依序排列，而字典元素則是隨意放置，沒有一定順序。

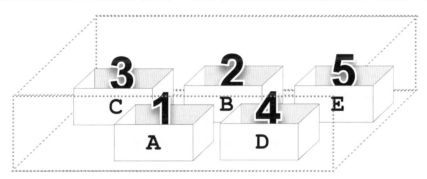

基本取值方式

既然字典元素沒有一定順序，那要如何取得字典元素值呢？其實很簡單，只要依據標籤（鍵）找到存放物品的盒子，就能取得盒子內的物品（值）。取得字典元素值的方法是以「鍵」做為索引來取得「值」，語法為：

```
字典名稱[鍵]
```

例如：

```
dict1 = {"香蕉":20, "蘋果":50, "橘子":30}
print(dict1["蘋果"])    #50
```

當字典的鍵重複時

字典是使用「鍵」做為索引來取得「值」，所以「鍵」必須是唯一，而「值」可以重覆。如果「鍵」重覆的話，則前面的「鍵」會被覆蓋，只有最後的「鍵」有效，例如：

```
dict2 = {"香蕉":20, "蘋果":50, "橘子":30, "香蕉":25}
print(dict2["香蕉"])  #25, 「"香蕉":20」被覆蓋
```

當字典的鍵不存在時

元素在字典中的排列順序是隨機的，與設定順序不一定相同，例如：

```
dict1 = {"香蕉":20, "蘋果":50, "橘子":30}
print(dict1)  # 結果:{"蘋果":50, "香蕉":20, "橘子":30}
```

由於元素在字典中的排列順序是隨機的，所以不能以位置數值做為索引。另外，若輸入的「鍵」不存在也會產生錯誤，例如：

```
dict1 = {"香蕉":20, "蘋果":50, "橘子":30}
print(dict1[0])           # 錯誤
print(dict1["鳳梨"])      # 錯誤
```

此種字典取值方式當「鍵」不存在時會因錯誤而讓程式中斷，因此 Python 另外提供了 get 方法可以取得字典元素值，即使「鍵」不存在也不會產生錯誤，語法為：

```
字典名稱 .get ( 鍵 [, 預設值 ])
```

預設值可有可無。根據是否有傳入預設值及「鍵」是否存在可分為四種情形：

預設值狀況	「鍵」是否存在	返回值
沒有傳入預設值	「鍵」存在	返回鍵對應的值
	「鍵」不存在	返回 None
有傳入預設值	「鍵」存在	返回鍵對應的值
	「鍵」不存在	返回預設值

當「鍵」不存在時會傳回 None 或預設值,程式執行時不會產生錯誤。例如:

```
dict1 = {" 香蕉 ":20, " 蘋果 ":50, " 橘子 ":30}
print(dict1.get(" 蘋果 "))          #50
print(dict1.get(" 鳳梨 "))          #None
print(dict1.get(" 蘋果 ", 80))     #50
print(dict1.get(" 鳳梨 ", 80))     #80
```

 範例實作:血型個性查詢

不同血型的人具有不同的個性:設計程式建立 4 筆字典資料:「鍵」為血型,「值」為個性。使用者輸入血型後,若血型存在,就顯示該血型的個性,如果血型不存在,則顯示沒有該血型的訊息。(<dictget.py>)

```
IPython console
Console 1/A
輸入要查詢的血型:B
B 血型的個性為:外向樂觀
```

```
IPython console
Console 1/A
輸入要查詢的血型:P
沒有「P」血型!
```

程式碼:ch06\dictget.py

```
1 dict1 = {"A":" 內向穩重 ", "B":" 外向樂觀 ", "O":" 堅強自信 ",
  "AB":" 聰明自然 "}
2 name = input(" 輸入要查詢的血型 :")
3 blood = dict1.get(name)
4 if blood == None:
5     print(" 沒有「" + name + "」血型 ! ")
6 else:
7     print(name + " 血型的個性為 :" + str(dict1[name]))
```

程式說明

▼ 1	建立 4 個血型及個性的字典。
▼ 2	讓使用者輸入血型。
▼ 3	以 get 取得個性。
▼ 4-5	若血型不存在就顯示沒有該血型訊息。
▼ 6-7	若血型存在就顯示該血型的個性。

延伸練習

一年四季具有不同的天氣型態。設計程式建立 4 筆字典資料:「鍵」為季節名稱,「值」為天氣形態。使用者輸入季節名稱後,若季節名稱存在,就顯示該季節天氣形態,否則顯示沒有該季節的訊息。(<dictget_cl.py>)

```
IPython console
Console 1/A ✕

輸入季節名稱:秋季
秋季的天氣為 涼爽
```

```
IPython console
Console 1/A ✕

輸入季節名稱:南季
沒有「南季」季節!
```

6.1.3 字典維護

修改字典

修改字典元素值與在字典中新增元素的語法相同:

```
字典名稱 [ 鍵 ] = 值
```

如果「鍵」存在就是修改元素值,新元素值會取代舊元素值,例如:

```
dict1 = {"香蕉":20, "蘋果":50, "橘子":30}
dict1["橘子"] = 60
print(dict1["橘子"])   #60
```

如果「鍵」不存在就是新增元素,例如:

```
dict1 = {"香蕉":20, "蘋果":50, "橘子":30}
dict1["鳳梨"] = 40
print(dict1)
#{"香蕉":20, "蘋果":50, "橘子":30, "鳳梨":40}
```

刪除字典

刪除字典則有三種情況。第一種是刪除字典中特定元素，語法為：

```
del 字典名稱 [ 鍵 ]
```

第二種是刪除字典中所有元素，語法為：

```
字典名稱 .clear()
```

例如：

```
dict1 = {"香蕉":20, "蘋果":50, "橘子":30}
del dict1["蘋果"]    # 刪除「"蘋果":50」元素
print(dict1)   #{'香蕉': 20, '橘子': 30}
dict1.clear()    # 刪除所有元素
print(dict1)    #{}, 空字典
```

第三種是刪除字典，字典刪除後該字典就不存在，語法為：

```
del 字典名稱
```

例如：

```
dict1 = {"香蕉":20, "蘋果":50, "橘子":30}
del dict1        # 刪除 dict1 字典
print(dict1)     #產生錯誤， dict1 字典不存在
```

字典資料維護很簡單嘛！

6.2 字典進階操作

除了建立字典及基本字典維護功能外，Python 還提供許多進階功能可對字典進行操作，例如取得字典中所有鍵或值、字典元素數量等。

6.2.1 字典進階功能整理

字典還有許多常用的進階功能，在下表中 dict1={"joe":5,"mary":8}，n 為整數，b 為布林變數：

方法	說明	範例及結果
len(dict1)	取得字典元素個數	n=len(dict1) n=2
dict1.copy()	複製字典	dict2=dict1.copy() dict2={"joe":5, "mary":8}
鍵 in dict1	檢查「鍵」是否存在	b="joe" in dict1 b=True
dict1.items()	取得以「鍵:值」對為元素的組合	item1=dict1.items() item1=[("joe":5),("mary":8)]
dict1.keys()	取得以「鍵」為元素的組合	key1=dict1.keys() key1=["joe", "mary"]
dict1.values()	取得以「值」為元素的組合	value1=dict1.values() value1=[5,8]
dict1.setdefault(鍵,值)	與 get() 類似，若「鍵」不存在就以參數的「鍵:值」建立新元素	n=dict1.setdefault("joe") n=5

6.2.2 in 功能

in 功能會檢查字典中的「鍵」是否存在，語法為：

```
鍵 in 字典名稱
```

如果「鍵」存在就傳回 True，「鍵」不存在就傳回 False。例如：

```
dict1 = {"香蕉":20, "蘋果":50, "橘子":30}
```

```
print("香蕉" in dict1)   #True
print("鳳梨" in dict1)   #False
```

in 功能可在執行程式之前進行檢查， 確定「鍵」存在才執行該程式。

範例實作：輸入及查詢學生成績

為了解學習狀況，老師需要查詢學生成績。建立 3 筆字典資料：「鍵」為學生姓名，「值」為學生成績。老師輸入學生姓名後，若學生姓名存在，就顯示該學生成績，否則就讓老師輸入成績，並將學生資料加入字典。(<in.py>)

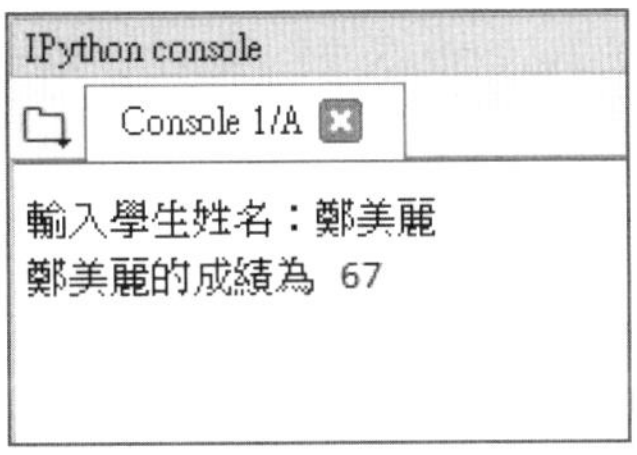

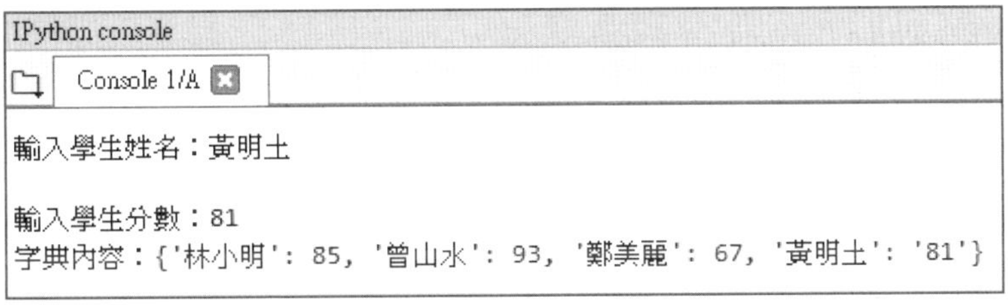

程式碼：ch06\in.py

```
1 dict1 = {"林小明":85, "曾山水":93, "鄭美麗":67}
2 name = input("輸入學生姓名:")
3 if name in dict1:
4     print(name + "的成績為 " + str(dict1[name]))
5 else:
6     score = input("輸入學生分數:")
7     dict1[name] = score
8     print("字典內容:" + str(dict1))
```

程式說明

- 1-2　建立 3 個學生成績的字典並讓使用者輸入學生姓名。
- 3-4　若學生姓名存在就顯示該學生成績。
- 5-8　若學生姓名不存在就執行 6-8 列程式。
- 6　讓使用者輸入學生成績。
- 7　將學生姓名及成績加入字典。
- 8　顯示字典內容，讓使用者確認資料已加入字典。

延伸練習

電器經銷商需查詢各種電器的價格。建立 3 筆字典資料:「鍵」為名稱,「值」為價錢。經銷商輸入電器名稱後,若存在就顯示該電器價錢,否則就讓經銷商輸入價錢,並將電器名稱及價錢資料加入字典中。(<in_cl.py>)

IPython console
⬐ Console 1/A ✖
輸入電器名稱:冰箱
冰箱的價格為 23000

IPython console
⬐ Console 1/A ✖
輸入電器名稱:電鍋
輸入電器價格: 2500
字典內容:{'電視': 15000, '冰箱': 23000, '冷氣': 28000, '電鍋': '2500

6.2.3 keys 及 values 方法

字典的 keys() 方法可取得字典中所有「鍵」,資料型態為 dict_keys,例如:

```
dict1 = {"香蕉":20, "蘋果":50, "橘子":30}
key1 = dict1.keys()
print(key1)   #dict_keys(['香蕉', '蘋果', '橘子'])
```

此時可以應用 for 迴圈將 dict_keys 中所有的鍵值輸出,例如:

```
dict1 = {"香蕉":20, "蘋果":50, "橘子":30}
for k in dict1.keys():
    print(k, end=",")    # 香蕉,蘋果,橘子,
```

雖然 dict_keys 資料型態看起來像串列,但它不能以索引方式取得元素值,必須將 dict_keys 資料型態以 list 函式轉換為串列才能取得元素值:

```
dict1 = {"香蕉":20, "蘋果":50, "橘子":30}
key1 = list(dict1.keys())
print(key1[0])   # 香蕉
```

values() 方法可取得字典中所有「值」,資料型態為 dict_values。dict_values 資料型態的用法與 dict_keys 完全相同,例如:

```
dict1 = {" 香蕉 ":20, " 蘋果 ":50, " 橘子 ":30}
key1 = dict1.values()
print(key1)                    #dict _ values([20, 50, 30])
for v in dict1.values():
    print(v, end=",")    #20, 50, 30,
```

dict_values 不能以索引方式取得元素值，一樣要以 list 函式轉換為串列才能取得元素值：

```
dict1 = {" 香蕉 ":20, " 蘋果 ":50, " 橘子 ":30}
key1 = list(dict1.values())
print(key1[0])  #20
```

範例實作：keys 及 values 顯示世大運獎牌數

台灣主辦世界大學運動會，成績輝煌。 請建立 3 筆字典資料：「鍵」是獎牌名稱，「值」為獎牌數，使用 keys 及 values 方法顯示各種獎牌數。(<keyvalue.py>)

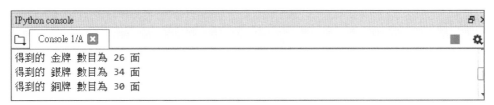

程式碼：ch06\keyvalue.py

```
1 dict1={" 金牌 ":26, " 銀牌 ":34, " 銅牌 ":30}
2 listkey = list(dict1.keys())
3 listvalue = list(dict1.values())
4 for i in range(len(listkey)):
5     print(" 得到的 %s 數目為 %d 面 " % (listkey[i],
            listvalue[i]))
```

程式說明

▶ 2-3   取得字典所有鍵及值並轉換為串列。
▶ 4-5   以串列逐筆顯示獎牌名稱及獎牌數。

延伸練習

以年度前 4 個星座建立字典資料:「鍵」為星座名稱,「值」為性格特徵,使用 keys 及 values 方法顯示星座名稱及該星座的性格特徵。(<keyvalue_cl.py>)

```
IPython console                                              ⊡ ×
  Console 1/A ☒                                          ■  ⚙
水瓶座 的性格特癥為 活潑善變                                   ▲
雙魚座 的性格特癥為 迷人保守
白羊座 的性格特癥為 天生勇者
金牛座 的性格特癥為 熱情敏感                                   ▼
```

6.2.4 items 方法

使用 keys 及 values 方法分別取得字典的鍵及值,是否很麻煩呢? items() 方法可同時取得所有「鍵:值」組成的組合,資料型態為 dict_items。例如:

```
dict1 = {"香蕉":20, "蘋果":50, "橘子":30}
item1 = dict1.items()
print(item1)
#dict_items([('香蕉', 20), ('蘋果', 50), ('橘子', 30)])
```

此時可以應用 for 迴圈將 dict_items 中所有的鍵值輸出,例如:

```
dict1 = {"香蕉":20, "蘋果":50, "橘子":30}
item1 = dict1.items()
for k, v in item1:
    print(k, v, end=' 元,')
# 香蕉 20 元, 蘋果 50 元, 橘子 30 元,
```

將 dict_items 資料型態以 list 函式轉換為串列後相當於二維串列,可以取得個別元素值。例如:

```
dict1 = {"香蕉":20, "蘋果":50, "橘子":30}
item1 = list(dict1.items())   # 轉換為串列
```

```
print(item1[1])        #('蘋果', 50)
print(item1[1][0])     # 蘋果
print(item1[1][1])     #50
```

因為 items() 功能同時包含了「鍵」及「值」資料，所以使用 items() 方法顯示字典內容更為方便。

範例實作：items 顯示世大運獎牌數

請利用 items 功能來重新顯示 2017 年世界大學運動會中台灣代表隊的各種獎牌數。(<item.py>)

程式碼：ch06\item.py

```
1 dict1={" 金牌 ":26, " 銀牌 ":34, " 銅牌 ":30}
2 item1 = dict1.items()
3 for name, num in item1:
4     print(" 得到的 %s 數目為 %d 面 " % (name, num))
```

程式說明

▼ 2   以 items 功能取得字典所有鍵及值並轉換為串列。

▼ 3   items 串列每個元素有 2 個項目，所以使用 2 個變數：name 為獎牌名稱，num 為獎牌數。

▼ 4   顯示獎牌名稱及獎牌數。

延伸練習

以年度前 4 個星座建立 4 筆字典資料：「鍵」為星座名稱，「值」為性格特徵，使用 items 功能顯示星座名稱及該星座的性格特徵。(<item_cl.py>)

```
IPython console                                              日 ×
  Console 1/A ✕                                              ■  ✿
水瓶座 的性格特癥為 活潑善變
雙魚座 的性格特癥為 迷人保守
白羊座 的性格特癥為 天生勇者
金牛座 的性格特癥為 熱情敏感
```

6.2.5 setdefault 方法

setdefault 方法的使用方式及傳回值與 get 方法雷同，不同處在於是否改變字典的內容。get 方法不會改變字典的內容；setdefault 方法可能改變字典的內容。

setdefault 功能的語法為：

```
字典名稱 .setdefault( 鍵 [, 預設值 ])
```

預設值可有可無。根據是否有傳入預設值及「鍵」是否存在可分為四種情形：

預設值狀況	「鍵」是否存在	返回值	字典
沒有傳入預設值	「鍵」存在	返回鍵對應的值	沒有改變
	「鍵」不存在	返回 None	加入元素「鍵 :None」
有傳入預設值	「鍵」存在	返回鍵對應的值	沒有改變
	「鍵」不存在	返回預設值	加入元素「鍵 : 預設值」

下面示範 setdefault 使用方法：

```
dict1 = {" 香蕉 ":20, " 蘋果 ":50, " 橘子 ":30}
n=dict1.setdefault(" 蘋果 ")              #n=50, dict1 未改變
n=dict1.setdefault(" 蘋果 ", 100)    #n=50, dict1 未改變
n=dict1.setdefault(" 鳳梨 ")
#n=None, dict1={"香蕉":20, "蘋果":50, "橘子":30, "鳳梨":None}
n=dict1.setdefault(" 鳳梨 ", 100)
#n=100, dict1={"香蕉":20, " 蘋果 ":50, " 橘子 ":30, " 鳳梨 ":100}
```

■ 建立字典的第一種方式為將元素置於一對大括號「{}」中，其語法為：

字典名稱 = { 鍵 1: 值 1, 鍵 2: 值 2, ……}

■ 建立字典的第二種方式是使用 dict 函式，將鍵 - 值對置於中括號「[]」中，語法為：

字典名稱 = dict([[鍵 1, 值 1], [鍵 2, 值 2], ……])

■ 建立字典的第三種方式也是使用 dict 函式，只要將鍵與值以等號連接起來即可，語法為：

字典名稱 = dict(鍵 1= 值 1, 鍵 2= 值 2, ……)

■ 取得字典元素值的方法是以「鍵」做為索引來取得「值」，語法為：

字典名稱 [鍵]

■ get 可以取得字典元素值，即使「鍵」不存在也不會產生錯誤，語法為：

字典名稱 .get (鍵 [, 預設值])

■ 修改字典元素值與在字典中新增元素的語法相同，語法為：

字典名稱 [鍵] = 值

■ in 功能會檢查字典中的「鍵」是否存在，語法為：

鍵 in 字典名稱

■ 字典的 keys() 方法可取得字典中所有「鍵」，資料型態為 dict_keys；values() 方法可取得字典中所有「值」，資料型態為 dict_values；items() 方法可同時取得所有「鍵 : 值」組成的組合，資料型態為 dict_items。

■ setdefault 方法的語法為：

字典名稱 .setdefault (鍵 [, 預設值])

綜合演練

一、選擇題

(   ) 1. 關於字典，下列何者敘述是錯誤的？
          (A) 以「鍵 - 值」對方式儲存   (B) 資料依序排列
          (C) 可由「鍵」取得「值」   (D) 資料隨機排列

(   ) 2. d={" 香蕉 ":20, " 蘋果 ":50}，print(d[0]) 的結果為何？
          (A) 香蕉   (B) 20   (C) 50   (D) 產生錯誤

(   ) 3. d={" 香蕉 ":20, " 蘋果 ":50}，print(d[" 香蕉 "]) 的結果為何？
          (A) 香蕉   (B) 20   (C) 50   (D) 產生錯誤

(   ) 4. d={" 香蕉 ":20, " 蘋果 ":50}，print(d.get(" 芭樂 ", 60)) 的結果為何？
          (A) 20   (B) 50   (C) 60   (D) None

(   ) 5. d={" 香蕉 ":20, " 蘋果 ":50}，程式「d[" 芭樂 "]=60」的作用為：
          (A) 新增資料   (B) 修改資料   (C) 取得資料   (D) 刪除資料

(   ) 6. d={" 香蕉 ":20, " 蘋果 ":50}，程式「d.clear()」的作用為：
          (A) 刪除所有元素   (B) 刪除一個元素   (C) 刪除字典   (D) 以上皆非

(   ) 7. d={" 香蕉 ":20, " 蘋果 ":50}，print(" 香蕉 " in d) 的結果為何？
          (A) 20   (B) 50   (C) True   (D) False

(   ) 8. 下列哪一個方法可取得字典中所有「值」？
          (A) in   (B) keys   (C) values   (D) items

(   ) 9. 下列哪一個方法可取得字典中所有「鍵」及所有「值」？
          (A) in   (B) keys   (C) values   (D) items

(   ) 10. d={" 香蕉 ":20}，print(d.setdefault(" 芭樂 ")) 的結果為何？
          (A) 20   (B) None   (C) 芭樂   (D) 產生錯誤

二、實作題

1. 星期和星期英文簡寫如下列的對照表 (7 為星期日)，請設計程式讓使用者輸入要查詢的星期數字，畫面會顯示該星期數字的英文簡寫。

星期	星期英文簡寫	星期	星期英文簡寫
1	MON	5	FRI
2	TUS	6	SAT
3	WED	7	SUN
4	THU		

```
Console 1/A ✕
請輸入要查詢的星期數字：3
WED
```

```
Console 1/A ✕
請輸入要查詢的星期數字：7
SUN
```

2. 小龍的阿嬤不太會填寫中文大寫數字，雖然教她很多次還是常寫錯，因此小龍決定設計一個程式幫阿嬤解決這個難題。阿嬤只要輸入小於 5 位數的阿拉拍數字，畫面馬上就會將數字轉換為中文大寫數字。

```
Console 1/A ✕
請輸入小於5位數的數字：101
壹零壹
```

```
Console 1/A ✕
請輸入小於5位數的數字：7688
柒陸捌捌
```

3. PM2.5 對人體的健康影響很大，了解 PM2.5 數值可預做因應。依下列六都的 PM2.5 資料建立字典：「鍵」為六都名稱，「值」為 PM2.5 值，讓使用者輸入六都名稱，若都市名稱存在，就顯示該都市的 PM2.5 值，否則顯示沒有該都市的訊息。

都市名稱	PM2.5 值	都市名稱	PM2.5 值
台北市	6	台中市	8
新北市	2	台南市	3
桃園市	5	高雄市	9

```
IPython console
  Console 1/A  ✕
輸入要查詢的六都名稱:台中市
台中市 今天的 PM2.5 值為：8
```

```
IPython console
  Console 1/A  ✕
輸入要查詢的六都名稱:新竹市
六都中沒有「新竹市」城市！
```

4. 不同生肖的人具有不同的性格特徵。依下列生肖的性格特徵資料建立字典：「鍵」為生肖名稱，「值」為性格特徵，使用 items 方法顯示生肖名稱及該生肖的性格特徵。

生肖	性格特徵	生肖	性格特徵
鼠	親切和藹	虎	熱情大膽
牛	保守努力	兔	溫柔仁慈

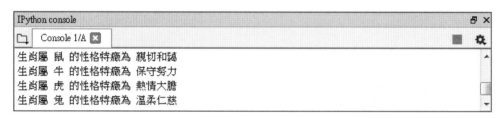

```
IPython console                                                      ⊟ ✕
  Console 1/A  ✕                                                    ■  ⚙
生肖屬 鼠 的性格特徵為 親切和藹                                         ▲
生肖屬 牛 的性格特徵為 保守努力
生肖屬 虎 的性格特徵為 熱情大膽
生肖屬 兔 的性格特徵為 溫柔仁慈                                         ▼
```

5. 目前美金、日幣和人民幣對台幣的兌換匯率分別是「美金 :28.02」、「日幣 :0.2513」、「人民幣 :4.24」。請設計此匯率兌換程式，輸入台幣金額後計算可以兌換多少的美金、日幣和人民幣。

```
  Console 1/A  ✕                                                    ■ ✎ ≡
請輸入台幣：10000                                                       ⌃
台幣10000.00元等於美金356.89元，日幣39793.08元，人民幣2358.49元
```

Chapter

07

函式與模組

7.1 自訂函式

在一個較大型的程式中，通常會將具有特定功能或經常重複使用的程式，撰寫成獨立的小單元，稱為「函式」，並賦予函式一個名稱，當程式需要時就可以呼叫該函式執行。

使用函式的程式設計方式具有下列的好處：

- 將大程式切割後由多人撰寫，有利於團隊分工，可縮短程式開發的時間。

- 可縮短程式的長度，程式碼也可重複使用，當再開發類似功能的產品時，只需稍微修改即可以套用。

- 程式可讀性高，易於除錯和維護。

7.1.1 自訂函式

Python 是以 def 命令建立函式，不但可以傳送多個參數給函式，執行完函式後也可返回多個回傳值。自行建立函式的語法為：

```
def 函式名稱 ([參數 1, 參數 2, ……]):
    程式區塊
    [return 回傳值 1, 回傳值 2, ……]
```

- **參數 (參數 1, 參數 2, ……)**：參數可以傳送一個或多個，也可以不傳送參數。參數是用來接收由呼叫函式傳遞進來的資料，如果有多個參數，則參數之間必須用逗號「,」分開。

- **回傳值 (回傳值 1, 回傳值 2, ……)**：回傳值可以是一個或多個，也可以沒有回傳值。回傳值是執行完函式後傳回主程式的資料，若有多個回傳值，則回傳值之間必須用逗號「,」分開，主程式則要有多個變數來接收回傳值。

例如：建立名稱為 SayHello() 的函式，可以顯示「歡迎光臨！」(沒有參數，也沒有回傳值)。

```
def SayHello():
    print( "歡迎光臨!")
```

再如：建立名稱為 **GetArea()** 的函式，以參數傳入矩形的寬及高，計算矩形面積後將面積值傳回。

```
def GetArea(width, height):
    area = width * height
    return area
```

函式建立後並不會執行，必須在主程式中呼叫函式，才會執行函式，呼叫函式的語法為：

```
[ 變數 =] 函式名稱 ([ 參數 ])
```

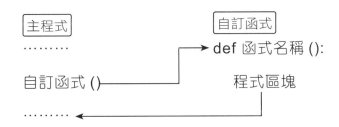

如果函式有傳回值，可以使用變數來儲存返回值，例如：

```
def GetArea(width, height):
    area = width * height
    return area
ret1 = GetArea(6,9)    #ret1=54
```

特別注意若函式有多個傳回值，必須使用相同數量的變數來儲存返回值，變數之間以逗號「,」分開，例如：

```
def Circle(radius):
    area = radius * radius * 3.14    #計算圓面積
    length = 2 * radius * 3.14    #計算圓周長
    return area, length
area1, length1 = Circle(5)    #area1=78.5, length1=31.4
```

如果參數的數量較多，常會搞錯參數順序而導致錯誤結果，呼叫函式時可以輸入參數名稱，此種方式與參數順序無關，可以減少錯誤。不過輸入參數名稱方式會多輸入不少文字，降低建立程式效率。

例如下面三種呼叫方式結果相同：

```
def GetArea(width, height):
    return width * height
ret1 = GetArea(6, 9)                  #ret1=54
ret2 = GetArea(width=6, height=9)     #ret2=54
ret3 = GetArea(height=9, width=6)     #ret3=54
```

範例實作：攝氏溫度轉華氏溫度

攝氏轉華氏公式：華氏 = 攝氏 *1.8+32。約翰由美國來台遊學，習慣華氏溫度，設計程式讓約翰輸入攝氏溫度，就會顯示華氏溫度。(<ctof.py>)

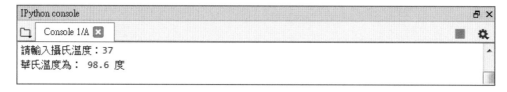

```
IPython console                                    日 ×
  Console 1/A ☒                                    ■ ✿
請輸入攝氏溫度：37
華氏溫度為： 98.6 度
```

程式碼：ch07\ctof.py

```
1 def ctof(c):  # 攝氏轉華氏
2     f = c * 1.8 + 32
3     return f
5 inputc = float(input("請輸入攝氏溫度:"))
6 print("華氏溫度為:%5.1f 度" % ctof(inputc))
```

程式說明

▼ 1-3　　攝氏轉華氏溫度的公氏為「攝氏 * 1.8 + 32」，參數為攝氏溫度。

▼ 5　　　將輸入的文字轉為浮點數，方便後續計算。

▼ 6　　　呼叫 ctof 函式後列印傳回值。

延伸練習

公斤轉英磅公式：英磅 = 公斤 *2.2。瑪麗由英國來台旅遊，飯店提供體重計讓旅客測量體重。設計程式輸入體重公斤數就會計算體重英磅數。(<kgtolb.py>)

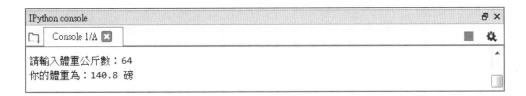

```
IPython console                                          ⊡ ✕
  Console 1/A ✕                                          ■ ✿
請輸入體重公斤數：64
你的體重為：140.8 磅
```

7.1.2 參數預設值

自訂函式時若設定為需傳入參數，呼叫函式時，如果沒有傳入該參數就會產生錯誤，例如：

```
def GetSquare(width):   #計算正方形面積
    return width * width
print(GetSquare())          #因未傳入 width 參數而產生錯誤
```

為了避免使用函式時因未傳入正確參數而產生錯誤，建立函式時可以為參數設定預設值，呼叫函式時，如果沒有傳入該參數時，就會使用預設值。參數設定預設值的方法為「參數 = 值」，例如：

```
def GetArea(width, height=12):   #計算長方形面積
    return width * height
ret1 = GetArea(6)   #ret1=72 (6*12)
ret1 = GetArea(6, 9)   #ret1=54 (6*9)
```

設定預設值的參數必須置於參數串列最後，否則執行時會產生錯誤，例如：

```
def GetArea(width, height=12):   # 正確
def GetArea(width=18, height):   #錯誤，需將「width=18」移到後面
```

7.1.3 變數有效範圍

變數依照其有效範圍分為全域變數及區域變數：

■ **全域變數**：定義在函式外的變數，其有效範圍是整個 Python 檔案。

■ **區域變數**：定義在一個函式中的變數，其有效範圍是在該函式內。

若有相同名稱的全域變數與區域變數，以區域變數優先：在函式內，會使用區域變數，在函式外，因區域變數不存在，所以使用全域變數，例如：

```
1 def scope():
2     var1 = 1
3     print(var1, var2)   #1 20
4
5 var1 = 10
6 var2 = 20
7 scope()
8 print(var1, var2)    #10 20
```

程式說明

▼ 2	建立區域變數 var1，第 5 列建立全域變數 var1。
▼ 3	在函式內會優先使用區域變數，var1 的值為「1」；因為函式中沒有 var2 變數，所以使用全域變數，其值為「20」。
▼ 8	在函式外，區域變數 var1 不存在，所以都使用全域變數，列印值為「10 20」。

如果要在函式內使用全域變數，需在函式中以 global 宣告。

```
1 def scope():
2     global var1
3     var1 = 1
4     var2 = 2
5     print(var1, var2)   #1 2
6
7 var1 = 10
8 var2 = 20
9 scope()
10 print(var1, var2)   #1 20
```

程式說明

▼ 2	宣告函式內的 var1 是全域變數
▼ 3	將全域變數 var1 的值改為 1
▼ 5	列印的是全域變數 var1 及區域變數 var2，其值為「1 2」。
▼ 10	在函式外，都使用全域變數，此時 var1 的值已在函式中被修改為「1」，所以列印值為「1 20」。

7.2 數值函式

在程式中需要反覆執行的程式碼最好可以寫成函式，要執行時只需呼叫函式即可完成執行。但每一項功能都由設計者自行撰寫函式，將是一份龐大的工作。Python 內建了許多功能強大的函式，設計者可以直接使用，只要符合函式的規則，設計者等於擁有眾多功能強大的工具，可以輕鬆設計出符合需求的應用程式。事實上，前面章節已使用了許多內建函式，如 print()、int()、str() 等。

內建的數值函式用於處理數值相關的功能，例如絕對值、四捨六入等。

7.2.1 數值函式整理

Python 中常用的數值函式有：

函式	功能	範例	範例結果
abs(x)	取得 x 的絕對值	abs(-5)	5
chr(x)	取得整數 x 的字元	chr(65)	A
divmod(x, y)	取得 x 除以 y 的商及餘數的元組	divmod(44, 6)	(7,2)
float(x)	將 x 轉換成浮點數	float("56")	56.0
hex(x)	將 x 轉換成十六進位數字	hex(34)	0x22
int(x)	將 x 轉換成整數	int(34.21)	34
len(x)	取得元素個數	len([1,3,5,7])	4
max(參數串列)	取得參數串列中的最大值	max(1,3,5,7)	7
min(參數串列)	取得參數串列中的最小值	min(1,3,5,7)	1
oct(x)	將 x 轉換成八進位數字	oct(34)	0o42
ord(x)	回傳字元 x 的 Unicode 編碼值	ord(" 我 ")	25105
pow(x, y)	取得 x 的 y 次方	pow(2,3)	8
round(x)	以四捨六入法取得 x 的近似值	round(45.8)	46
sorted(串列)	將串列由小到大排序	sorted([3,1,7,5])	[1,3,5,7]
str(x)	將 x 轉換成字串	str(56)	56 (字串)
sum(串列)	計算串列元素的總和	sum([1,3,5,7])	16

7.2.2 指數、商數、餘數及四捨六入

pow 函式

pow 函式不但可以做指數運算，還可以計算餘數，語法為：

```
pow(x, y[, z])
```

如果只有 x 及 y 參數，傳回值為 x 的 y 次方，例如：

```
pow(3, 4)    #81, 3⁴=81
```

若有 z 參數，意義為 x 的 y 次方除以 z 的餘數，例如：

```
pow(3, 4, 7)    #4
```

3 的 4 次方為 81，81 除以 7 為 11 餘 4，結果為「4」。

divmod 函式

divmod 函式會同時傳回商數及餘數，語法為：

```
divmod(x, y)
```

商數及餘數是以元組型態傳回，可使用元組分別取得商數及餘數，例如：

```
ret = divmod(44, 6)
print(ret[0], ret[1])   #7 2, ret[0] 是商，ret[1] 是餘數
```

round 函式

round 函式以四捨六入法取得 x 的近似值，語法為：

```
round(x[, y])
```

四捨六入是 4 以下 (含) 捨去，6 以上 (含) 進位，5 則視前一位數而定：前一位數是偶數就將 5 捨去，前一位數是奇數就將其進位。

如果只有 x 參數，傳回值為 x 的四捨六入整數值，例如：

```
round(3.4)    #3
round(3.6)    #4
round(3.5)    #4, 前一位是奇數，進位
round(4.5)    #4, 前一位是偶數，捨去
```

若有 y 參數，y 是設定小數位數，例如：

```
round(3.75, 1)    #3.8
round(3.65, 1)    #3.6
```

 範例實作：學生均分蘋果

今天學校營養午餐的水果是蘋果：設計程式輸入學生人數及蘋果總數，將蘋果平均分給學生，每個學生分到的蘋果數量必須相同，計算每個學生分到的蘋果數及剩餘的蘋果數。(<divmod.py>)

請輸入學生人數：13

請輸入蘋果總數：200
每個學生可分得蘋果 15 個
蘋果剩餘 5 個

程式碼：ch07\divmod.py

```
1 person = int(input(" 請輸入學生人數： "))
2 apple = int(input(" 請輸入蘋果總數： "))
3 ret = divmod(apple, person)
4 print(" 每個學生可分得蘋果 " + str(ret[0]) + " 個 ")
5 print(" 蘋果剩餘 " + str(ret[1]) + " 個 ")
```

程式說明

▼ 3　　　　以 divmod 函式取得蘋果除以人數的商及餘數。

▼ 4-5　　　以元組型態顯示商及餘數。

延伸練習

小明父親寄給小明生活費 10000 元，小明每天花費 350 元，計算這筆錢可讓小明維持多天生活，最後剩餘多少錢。(<divmod_cl.py>)

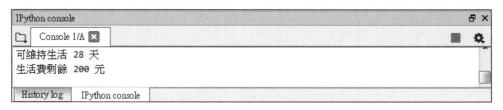

7.2.3 最大值、最小值、總和及排序

最大值及最小值

max 函式可取得一群數值的最大值，min 函式可取得一群數值的最小值，兩者用法相同。以 max 函式為例，其參數可以是多個參數，也可以是串列，語法為：

```
max( 數值 1, 數值 2, ……)    或者
max( 串列 )
```

例如：

```
print(max(1,3,5,7))      #7, 多個參數
print(max([1,3,5,7]))    #7, 串列
```

計算總和

sum 函式可計算串列中所有數值的總和，語法為：

```
sum( 串列 [, 額外數值 ])
```

如果有傳入「額外數值」參數，則此額外數值也會被加入總和之中，例如：

```
print(sum([1,3,5,7]))        #16
print(sum([1,3,5,7], 10))    #26
```

第 1 列總和為 16，第 2 列加入額外數值「10」，所以 16 再加 10 為 26。

排序

sorted 函式可將串列中的值排序,語法為:

```
sorted( 串列 [, reverse=True|False])
```

reverse 參數的預設值 False,即沒有傳入 reverse 參數時,預設是由小到大排序。若是以 「reverse=True」 做為第 2 個參數傳入, 就會由大到小排序,例如:

```
print(sorted([3,1,7,5]))   #[1,3,5,7]
print(sorted([3,1,7,5], reverse=True))   #[7,5,3,1]
```

 範例實作:總和及排序

為了達到節能減碳目的,爸爸要了解家中最近幾個月用電量情況:設計程式讓爸爸輸入電費,若輸入「-1」表示輸入資料結束,以內建函式顯示最多電費、最少電費、電費總和及將電費由大到小排序。(<sorted.py>)

```
IPython console                                           ▣ ✕
  Console 1/A ✕                                          ■  ✿
請輸入電費 (-1:結束):1350

請輸入電費 (-1:結束):980

請輸入電費 (-1:結束):1524

請輸入電費 (-1:結束):1073

請輸入電費 (-1:結束):-1
共輸入  4  個數
最多電費為:1524
最少電費為:980
電費總和為:4927
電費由大到小排序為:[1524, 1350, 1073, 980]
```

▌ 程式碼:ch07\sorted.py

```
1 innum = 0
2 list1 = []
3 while(innum != -1):
4     innum = int(input(" 請輸入電費 (-1:結束 ):"))
```

```
 5        list1.append(innum)
 6  list1.pop()
 7  print(" 共輸入 %d 個數 " % len(list1))
 8  print(" 最多電費為:%d" % max(list1))
 9  print(" 最少電費為:%d" % min(list1))
10  print(" 電費總和為:%d" % sum(list1))
11  print(" 電費由大到小排序為:{}".format(sorted(list1,
reverse=True)))
```

程式說明

▼ 1-2　innum 儲存使用者輸入的數值，list1 串列儲存所有使用者輸入的數值。

▼ 3-5　讓使用者輸入數值，並將數值存入串列。

▼ 6　最後輸入的「-1」不算輸入的數值，需將其移除。

▼ 11　由大到小排序要加入「reverse=True」參數。

延伸練習

媽媽要了解家中最近 4 個月的家庭支出狀況，設計程式讓媽媽輸入 4 個月家庭支出金額，以內建函式顯示支出最大金額、最小金額、4 個月總支出及支出金額由小到大排序。(<sorted_cl.py>)

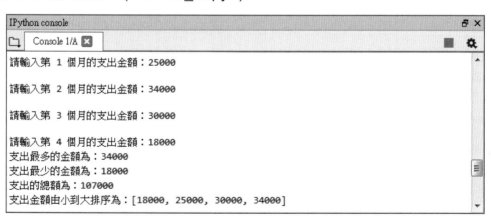

7.3 字串函式

內建的字串函式用於處理字串相關的功能，例如轉換大小寫、字串分割等。

7.3.1 字串函式整理

Python 中常用的字串函式有：

函式	功能	範例	範例結果
center(n)	將字串擴充為 n 個字元且置中	"book".center(8)	" book "
find(s)	搜尋 s 字串在字串中的位置	"book".find("k")	3
endswith(s)	字串是否以 s 字串結尾	"abc".endswith("c")	True
islower()	字串是否都是小寫字母	"Yes".islower()	False
isupper()	字串是否都是大寫字母	"YES".isupper()	True
isdigit()	字串是否都是由數字組成	"999".isdigit()	True
s.join(list)	將串列中元素以 s 字串做為連接字元組成一個字串	"#".join(["ab", "cd","ef"])	ab#cd#ef
len(字串)	取得字串長度	len("book")	4
ljust(n)	將字串擴充為 n 個字元且靠左	"book".ljust(8)	"book "
lower()	將字串字元都轉為小寫字母	"YEs".lower()	yes
lstrip()	移除字串左方的空白字元	" book ".lstrip()	"book "
replace(s1,s2)	將字串中的 s1 字串以 s2 字串取代	"book".replace("o","a")	baak
rjust(n)	將字串擴充為 n 個字元且靠右	"book".rjust(8)	" book"
rstrip()	移除字串右方的空白字元	" book ".rstrip()	" book"
split(s)	將字串以 s 字串為分隔字元分割為串列	"ab#cd#ef".split("#")	["ab","cd", "ef"]
startswith(s)	字串是否以 s 字串開頭	"abc".startswith("a")	True
strip()	移除字串左方及右方的空白字元	" book ".strip()	"book"
upper()	將字串字元都轉為大寫字母	"Yes".upper()	YES

7.3.2 連接及分割字串

join 函式

join 函式可將串列中元素連接組成一個字串，語法為：

```
連接字串 .join( 串列 )
```

join 函式會在元素之間插入「連接字串」來組成一個字串，例如：

```python
list1 = ["This", "is", "a", "book."]
print(" ".join(list1))   #This is a book.
print("zzz".join(list1))   #ThiszzziszzzazzzbooK.
```

split 函式

split 函式是將一個字串以指定方式分割為串列，語法為：

```
字串 .split([ 分隔字串 ])
```

「分隔字串」可有可無，若未傳入分隔字串，其預設值為 1 個空白字元，例如：

```python
str1 = "This is a book."
print(str1.split(" "))   #['This', 'is', 'a', 'book.']
print(str1.split())
#['This', 'is', 'a', 'book.'], 與上列程式結果相同
```

使用其他分隔字串的例子：

```python
str1 = "ThiszzziszzzazzzbooK."
print(str1.split("zzz"))   #['This', 'is', 'a', 'book.']
```

7.3.3 檢查起始或結束字串

startswith 函式

startswith 函式是檢查字串是否以指定字串開頭，語法為：

```
字串 .startswith( 起始字串 )
```

如果字串是以「起始字串」開頭就傳回 True，否則就傳回 False，例如：

```
str1 = "mailto:test@e-happy.com.tw"
print(str1.startswith("mailto:"))   #True, 以「mailto:」開頭
print(str1.startswith("to:"))       #False, 不是以「to:」開頭
```

endswith 函式

endswith 函式的功能與 startswith 函式雷同，只是 endswith 函式檢查的是字串是否以指定字串結束，語法為：

```
字串 .endswith( 結尾字串 )
```

如果字串是以「結尾字串」結束就傳回 True，否則就傳回 False，例如：

```
str1 = "mailto:test@e-happy.com.tw"
print(str1.endswith(".tw"))     #True, 以「.tw」結尾
print(str1.startswith(".cn"))   #False, 不是以「.cn」結尾
```

 範例實作：檢查網址格式

設計程式讓使用者輸入網址，程式會檢查輸入的網址格式是否正確。
(<startswith.py>)

Console 1/A X
請輸入網址：http://www.e-happy.com.tw 輸入的網址格式正確！

Console 1/A X
請輸入網址：www.e-happy.com.tw 輸入的網址格式錯誤！

```
程式碼:ch07\startswith.py
1 web = input(" 請輸入網址:")
2 if web.startswith("http://") or web.startswith("https://"):
3     print(" 輸入的網址格式正確!")
4 else:
5     print(" 輸入的網址格式錯誤!")
```

程式說明

▼ 2-3　檢查輸入的網址是否以「http://」或「https://」開頭,如果是就顯示格式正確訊息。

▼ 4-5　若未以「http://」或「https://」開頭,就顯示格式錯誤訊息。

 延伸練習

設計程式讓使用者輸入圖片檔案名稱,程式會檢查輸入的圖片檔案名稱格式是否為 JPG。(<endswith.py>)

7.3.4 字串排版相關函式

ljust 函式

ljust 函式是將字串擴充為指定長度,原始字串會置於新字串的左方,語法為:

```
字串 .ljust( 字串長度 [, 填充字元 ])
```

■ **字串長度**:設定新字串的長度,如果字串長度小於原始字串的長度,則設定的字串長度無效。

■ **填充字串**:設定新字串多出的字元以「填充字元」取代,預設值為空白字元。「填充字元」只能有一個字元,若為兩個字元 (含) 以上會產生錯誤。

ljust 函式的範例實作：

```
str1 = "python"
print(str1.ljust(12))
#python      ，python 右方有 6 個空白字元
print(str1.ljust(12, "$"))    #python$$$$$$
print(str1.ljust(4, "$"))
#python，字串長度小於原始字串長度，無效
print(str1.ljust(12, "$@"))    #產生錯誤，因填充字元超過一個
```

rjust 及 center 函式

rjust 及 center 函式的語法與 ljust 函式完全相同：只是 rjust 函式會將原始字串置於新字串的右方，填充字元加在新字串左方；center 函式會將原始字串置於新字串的中央，填充字元平均加在新字串的左、右方。

rjust 函式的範例實作：

```
str1 = "python"
print(str1.rjust(12))
#      python，python 左方有 6 個空白字元
print(str1.rjust(12, "$"))   #$$$$$$python
print(str1.rjust(4, "$"))
#python，字串長度小於原始字串長度，無效
```

center 函式的範例實作：

```
str1 = "python"
print(str1.center(12, "$"))   #$$$python$$$
print(str1.center(12))   #   python   ，python 左、右方各
有 3 個空白字元
print(str1.center(4, "$"))    #python，字串長度小於原始字串
長度，無效
```

lstrip、rstrip 及 strip 函式

lstrip 函式可移除字串左方的空白字元，語法為：

```
字串 .lstrip()
```

rstrip 函式可移除字串右方的空白字元，strip 函式則是同時移除字串左、右方的空白字元。注意：在文字之間的空白字元不會移除。

移除空白字元的範例實作：

```
str1 = "   I love python.   "
#I love python.左、右方各有 3 個空白字元
print(str1.lstrip())
#I love python.   , I love python.右方有 3 個空白字元
print(str1.rstrip())
#   I love python., I love python.左方有 3 個空白字元
print(str1.strip())
#I love python., I love python.左右方皆無空白字元
```

範例實作：以字串排版函式列印成績單

一年三班有三位同學，請設計程式幫老師以 rjust 及 ljust 函式整齊列印出班級成績單。(<just.py>)

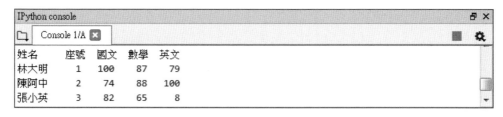

程式碼：ch07\just.py

```
1 listname = [" 林大明 ", " 陳阿中 ", " 張小英 "]
2 listchinese = [100, 74, 82]
3 listmath = [87, 88, 65]
4 listenglish = [79, 100, 8]
```

```
5 print(" 姓名        座號   國文   數學   英文 ")
6 for i in range(0,3):
7     print(listname[i].ljust(5), str(i+1).rjust(3),
      str(listchinese[i]).rjust(5), str(listmath[i].
      rjust(5), str(listenglish[i]).rjust(5))
```

程式說明

▼ 1-4	將學生姓名及各科成績存於串列。
▼ 5	列印標題。
▼ 6-7	以迴圈列印成績單。
▼ 7	姓名是靠左對齊 (listname[i].ljust(5))，座號及各科成績是靠右對齊 (如 listchinese[i]).rjust(5))。
	注意座號是以 range() 產生，由於串列索引是從 0 開始，而座號是由 1 開始，所以座號為「str(i+1)」。

延伸練習

阿德是製藥公司主管，設計程式幫阿德以 rjust 及 ljust 函式整齊列印出製藥公司業務員業績報表。(<just_cl.py>)

```
IPython console                                                          ⯐ ✕
☐  Console 1/A ✕                                                       ■  ⚙
姓名       第一季   第二季   第三季   第四季
鍾明達      34210     9000   186500    78900
鄭廣月      23600    23900   127800   125000
何美麗     145000    83400   100000    90000
```

7.3.5 搜尋及取代字串

find 函式

find 函式是尋找搜尋字串在字串的位置，語法為：

```
字串 .find( 搜尋字串 )
```

執行結果是搜尋字串在字串中的位置，注意位置是由「0」開始計數。如果搜尋字串在字串中不存在，會傳回「-1」。例如：

```
str1 = "I love python."
print(str1.find("o"))   #3
print(str1.find("python"))   #7
print(str1.find("x"))   #-1
```

replace 函式

replace 函式是將字串中特定字串替換為另一個字串，語法為：

```
字串.replace(被取代字串, 取代字串[, 最大次數])
```

「最大次數」為最多取代次數。如果省略「最大次數」，則字串中所有「被取代字串」都會替換為「取代字串」，例如：

```
str1 = "I love python."
print(str1.replace("o","&"))   #I l&ve pyth&n.
print(str1.replace("o","&", 1))
#I l&ve python. ， 只取代1次
print(str1.replace("python","django"))
#I love django.
```

如果將「取代字串」設為空字串 ("")，其效果就是移除字串中的「被取代字串」，例如：

```
str1 = "I love python."
print(str1.replace("o",""))
#I lve pythn. ， 移除所有字母「o」
```

範例實作：轉換日期格式

爺爺看不懂以「-」為分隔的日期格式，請設計程式將日期「2017-8-23」轉換為讓爺爺看得懂的「西元 2017 年 8 月 23 日」。(<replace.py>)

```
Console 1/A
西元 2017 年 8 月 23 日
```

程式碼：ch07\replace.py

```
1 date1 = "2017-8-23"
2 date1 = "西元 " + date1
3 date1 = date1.replace("-", " 年 ", 1)
4 date1 = date1.replace("-", " 月 ", 1)
5 date1 += " 日"
6 print(date1)
```

程式說明

▼ 2　　字串前面加入「西元 」。
▼ 3　　將第 1 個「-」符號轉換為「 年 」。
▼ 4　　將第 2 個「-」符號轉換為「 月 」。
▼ 5　　字串最後加入「日」。

延伸練習

奶奶看不懂以「:」為分隔的時間格式，請設計程式將時間「10:23:41」轉換為奶奶看得懂的「10 點 23 分 41 秒」。(<replace_cl.py>)

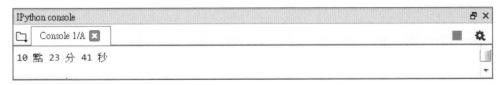

```
IPython console
Console 1/A
10 點 23 分 41 秒
```

7.4 亂數模組：random

Python 最為人稱道的優勢就是擁有許多模組 (module)，使得功能可以無限擴充。Python 的亂數模組：random 功能非常強大，不但可以產生整數或浮點數的亂數，還可以一次取得多個亂數，甚至可以為串列洗牌。

7.4.1 import 模組

模組只要使用「import」命令就可匯入，import 命令的語法為：

```
import 模組名稱
```

例如亂數模組的模組名稱為 random，匯入亂數模組的程式為：

```
import random
```

通常模組中有許多函式供設計者使用，使用這些函式的語法為：

```
模組名稱 . 函式名稱 ( 參數 )
```

例如 random 模組有 randint、random、choice 等函式，使用 randint 函式的程式語法為：

```
random.randint( 參數 )
```

如果確認只使用模組內的某個函式，可以在宣告時就設定好，語法為：

```
from 模組名稱 import 函式名稱
函式名稱 ( 參數 )
```

例如只要使用 random 模組中的 randint 函式，設定語法為：

```
from random import randint
randint( 參數 )
```

如果不想使用模組函式都要輸入模組名稱，也可以利用「*」萬用字元將其下的函數全部載入，語法為：

```
from 模組名稱 import *
```

以此種語法匯入模組後，使用模組函式就不必輸入模組名稱，直接使用函式即可，例如：

```
from random import *
randint(參數)
```

此種方法雖然方便，卻隱藏著極大風險：每一個模組擁有眾多函式，若兩個模組具有相同名稱的函式，由於未輸入模組名稱，使用函式時可能造成錯誤。為兼顧便利性及安全性，可為模組名稱另取一個簡短的別名，語法為：

```
import 模組名稱 as 模組別名
模組別名.函式名稱(參數)
```

這樣一來，使用函式時就用「模組別名.函式名稱」呼叫，既可避免輸入較長的模組名稱，又可避免不同模組中相同函式名稱問題，例如：

```
import random as r
r.randint(參數)
```

除了模組可以設定別名外，模組中的函數也能設定別名，語法為：

```
from 模組名稱 import 函式名稱 as 函式別名
函式別名(參數)
```

這樣一來，使用函式時就可以直接用「別名.函式名稱」呼叫，例如：

```
from random import randint as rt
rt(參數)
```

7.4.2 亂數模組函式整理

在下表中「r」為亂數模組的別名，str1="abcdefg", list1=["ab", "cd", "ef"]，常用的亂數模組函式有：

函式	功能	範例	範例結果
randint(n1,n2)	由 n1 到 n2 之間隨機取得一個整數	r.randint(1,10)	7
random()	由 0 到 1 之間隨機取得一個浮點數	r.random()	0.893398…
randrange(n1,n2,n3)	由 n1 到 n2 之間每隔 n3 的數隨機取得一個整數	r.randrange(0,11,2)	8（偶數）
uniform(f1,f2)	由 f1 到 f2 之間隨機取得一個浮點數	r.uniform(1,10)	6.351865…
choice(字串)	由字串中隨機取得一個字元	r.choice(str1)	b
sample(字串 ,n)	由字串中隨機取得 n 個字元	r.sample(str1,3)	['c', 'a', 'd']
shuffle(串列)	為串列洗牌	r.shuffle(list1)	['ef', 'ab', 'cd']

7.4.3 產生整數或浮點數的亂數函式

randint 函式

randint 函式的功能是由指定範圍產生一個整數亂數，語法為：

```
random.randint ( 起始值 ,  終止值 )
```

執行後會產生一個在起始值 (含) 和終止值 (含) 之間的整數亂數，注意產生的亂數可能是起始值或終止值，例如：

```
import random
for i in range(5):    # 執行 5 次，產生 5 個整數亂數
    print(random.randint(1,10), end=",")   #9,8,1,10,4,
```

上例中，1 與 10 都是可能產生的亂數。

randrange 函式

randrange 函式的功能與 randint 雷同，也是產生一個整數亂數，只是其多了一個遞增值，語法為：

```
random.randrange( 起始值 , 終止值 [, 遞增值 ])
```

執行後會產生一個在起始值 (含) 和終止值 (不含) 之間，且每次增加遞增值的整數亂數，遞增值非必填，預設值為 1。特別注意產生的亂數可能是起始值，但不包含終止值，例如：

```
import random
for i in range(5):    #執行 5 次，產生 5 個整數亂數
    print(random.randrange(0,12,2), end=",")
    #8,0,10,6,6,
```

由於從 0 開始到 12，但不包含 12，每次遞增 2，所以產生的亂數是「0、2、4、6、8、10」六個數其中之一。

random 函式

random 函式的功能是產生一個 0 到 1 之間的浮點數亂數，語法為：

```
random.random()
```

例如：

```
import random
print(random.random())   #0.5236730771512399
```

uniform 函式

uniform 函式的功能是產生一個指定範圍的浮點數亂數，語法為：

```
random.uniform( 起始值 , 終止值 )
```

執行後會產生一個在起始值和終止值之間的整數亂數，例如：

```
import random
print(random.uniform(3,10))   #6.063374013178429
```

範例實作：擲骰子遊戲

阿寶想玩擲骰子遊戲，但手邊沒有骰子，設計程式讓阿寶按任意鍵再按 **Enter**
鍵擲骰子，會顯示 1 到 6 之間的整數亂數代表骰子點數，直接按 **Enter** 鍵會
結束遊戲。(<randint.py>)

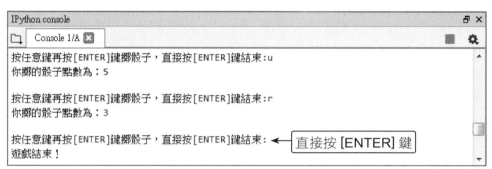

程式碼：ch07\randint.py

```
1  import random
2
3  while True:
4      inkey = input(" 按任意鍵再按 [ENTER] 鍵擲骰子，直接
                      按 [ENTER] 鍵結束 :")
5      if len(inkey) > 0:
6          num = random.randint(1,6)
7          print(" 你擲的骰子點數為:" + str(num))
8      else:
9          print(" 遊戲結束！")
10         break
```

程式說明

▼ 1　　　匯入亂數模組。

▼ 3-10　　以無窮迴圈讓使用者擲骰子。

▼ 5-7　　使用者按任意鍵再按 **Enter** 鍵就取得 1 到 6 之間的亂數顯示。

▼ 8-10　　使用者直接按 **Enter** 鍵就顯示「結束遊戲」訊息並跳出迴圈。

延伸練習

小朋友在玩「大富翁」桌遊，遊戲者要連擲三次骰子，然後以總點數決定遊戲前進步數。遊戲時小朋友發現骰子不見了，請設計程式以亂數函式擲骰子三次，然後計算三次骰子點數的總和。(<randint_cl.py>)

```
IPython console                                                    □ ×
   Console 1/A ☒                                              ■  ⚙
你三次擲骰子的點數為 6 2 4 ，總點數為：12
```

7.4.4 隨機取得字元或串列元素

choice 函式

choice 函式的功能是隨機取得一個字元或串列元素，語法為：

```
random.choice(字串或串列)
```

如果參數是字串，就隨機由字串中取得一個字元，例如：

```
import random
for i in range(5):    #執行 5 次，產生 5 個整數亂數
    print(random.choice("abcdefg"), end=",") #f,a,g,g,d,
```

如果參數是串列，就隨機由串列中取得一個元素，例如：

```
import random
for i in range(5):    # 執行 5 次，產生 5 個整數亂數
    print(random.choice([1,2,3,4,5,6,7]), end=",")   #1,1,2,7,6,
```

sample 函式

sample 函式的功能與 choice 雷同，只是 sample 函式可以隨機取得多個字元或串列元素，語法為：

```
random.sample(字串或串列 , 數量)
```

如果參數是字串，就隨機由字串中取得指定數量的字元；如果參數是串列，就隨機由串列中取得指定數量的元素，例如：

```
import random
print(random.sample("abcdefg",3))        #['f','b','g']
print(random.sample([1,2,3,4,5,6,7],3))  #[3,1,4]
```

需注意「數量」參數的值不能大於字串長度或串列元素個數，也不能是負數，否則執行時會產生錯誤，例如：

```
import random
print(random.sample([1,2,3,4,5,6,7],8))
# 錯誤，數量大於串列元素個數
```

sample 函式最重要的用途是可以由串列中取得指定數量且不重複的元素，這使得設計樂透開獎應用程式變得輕鬆愉快。

 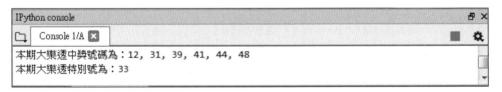

範例實作：大樂透中獎號碼

大樂透中獎號碼為 6 個 1 到 49 之間的數字加 1 個特別號：撰寫程式取得大樂透中獎號碼，並由小到大顯示方便對獎。(<sample.py>)

```
IPython console                                         □ ×
  Console 1/A ☒                                    ■  ✿
本期大樂透中獎號碼為：12, 31, 39, 41, 44, 48
本期大樂透特別號為：33
```

程式碼：ch07\sample.py

```
1 import random
2
3 list1 = random.sample(range(1,50), 7)
4 special = list1.pop()
5 list1.sort()
6 print(" 本期大樂透中獎號碼為:", end="")
7 for i in range(6):
```

```
 8       if i == 5: print(str(list1[i]))
 9       else: print(str(list1[i]), end=", ")
10  print(" 本期大樂透特別號為:" + str(special))
```

程式說明

▼ 3	以 sample 函式取得 7 個 (6 個中獎號碼加 1 個特別號) 1 到 49 之間的亂數。注意 range 範圍為「range(1,50)」。
▼ 4	取出最後 1 個元素做為特別號。
▼ 5	將中獎號碼由小到大排序。
▼ 7-9	顯示中獎號碼。
▼ 8	如果是最後一個號碼就在列印後換行。
▼ 9	如果不是最後一個號碼就以「,」分隔中獎號碼。

延伸練習

四星彩中獎號碼為 4 個 0 到 9 之間的數字組成:撰寫程式取得四星彩中獎號碼,並由小到大顯示方便對獎。(<sample_cl.py>)

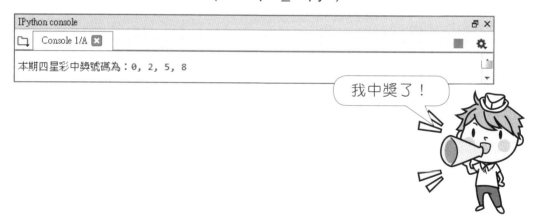

我中獎了!

7.5 時間模組：time

應用程式常需使用時間相關的訊息，例如取得目前系統時間、計算兩個事件經過的時間等。Python 的時間模組提供相當多關於時間的功能，使用者只要匯入時間模組就可使用。

7.5.1 時間模組函式整理

Python 中常用的時間模組函式有：

函式	功能
perf_counter()	取得程式執行時間。
ctime([時間數值])	以傳入的時間數值來取得時間字串。
localtime([時間數值])	以傳入的時間數值來取得時間元組資訊。
sleep(n)	程式停止執行 n 秒。
time()	取得目前時間數值。

要使用時間功能需先匯入時間模組，程式為：

```
import time
```

7.5.2 取得時間訊息函式

time 函式

Python 的時間是以 tick 為單位，長度為百萬分之一秒（微秒）。Python 計時是從 1970 年 1 月 1 日零時開始的秒數，此數值即為「時間數值」，是一個精確到小數點六位數的浮點數，time 函式可取得此時間數值，語法為：

```
time.time()
```

例如：

```
import time
print(time.time())   #1503869642.5474029
```

表示從 1970 年 1 月 1 日零時到現在經過了 1503869642.5474029 秒。

localtime 函式

其實取得「時間數值」對使用者沒有太大意義，因為使用者從時間數值自行計算來得到日期及時間的過程非常複雜 (時間數值的用途大部分是做為其他時間函式的參數使用)。

localtime 函式可以取得使用者時區的日期及時間資訊，語法為：

```
time.localtime([ 時間數值 ])
```

「時間數值」參數可有可無， 若省略「時間數值」參數則是取得目前日期及時間，返回值是以元組資料型態傳回，例如：

```
import time
print(time.localtime()) #time.struct _ time(tm _ year=2017,
tm _ mon=8, tm _ mday=28, tm _ hour=5, tm _ min=49,
tm _ sec=42, tm _ wday=0, tm _ yday=240, tm _ isdst=0)
print(time.localtime(time.time()))
# 傳入時間數值參數，結果與前一程式列相同
```

localtime 函式傳回的元組資料，其意義為：

序號	名稱	意義
0	tm_year	西元年
1	tm_mon	月份 (1 到 12)
2	tm_mday	日數 (1 到 31)
3	tm_hour	小時 (0 到 23)
4	tm_min	分鐘 (0 到 59)
5	tm_sec	秒數 (0 到 60，可能是閏秒)
6	tm_wday	星期幾 (0 到 6，星期一為 0，……，星期日為 6)
7	tm_yday	一年中的第幾天 (1 到 366，可能是閏年)
8	tm_isdst	時光節約時間 (1 為有時光節約時間，0 為無時光節約時間)

取得單一項目值的方式有兩種：一種為「物件.名稱」，另一種為「元組[索引]」，例如取得西元年的值：

```
import time
time1 = time.localtime(time.time())
print(time1.tm_year)     #2017, 使用「物件.名稱」
print(time1[0])          #2017, 使用「元組[索引]」
```

ctime 函式

ctime 函式的功能及用法皆與 localtime 函式相同，不同處在於 ctime 函式的傳回值為字串。ctime 函式的語法為：

```
time.ctime([時間數值])
```

ctime 函式的傳回值格式為：

```
星期幾 月份 日數 小時:分鐘:秒數 西元年
```

當然，文字部分是以英文呈現，例如：

```
import time as t
print(t.ctime())   #Mon Aug 28 09:02:31 2017
print(t.ctime(t.time()))   #Mon Aug 28 09:02:31 2017
```

 範例實作：列印時間函式所有資訊

大賽看板上需顯示以中華民國年份表示的現在時刻，給比賽選手做為參考。請設計程式以時間模組列印以中華民國年份表示的現在時刻及節約時間資訊。
(<localtime.py>)

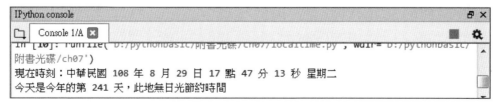

```
In [10]: runfile('D:/pythonbasic/附書光碟/ch07/localtime.py', wdir='D:/pythonbasic/
附書光碟/ch07')
現在時刻：中華民國 108 年 8 月 29 日 17 點 47 分 13 秒 星期二
今天是今年的第 241 天，此地無日光節約時間
```

程式碼:ch07\localtime.py

```
1 import time as t
2
3 week = ["一", "二", "三", "四", "五", "六", "日"]
4 dst = ["無日光節約時間", "有日光節約時間"]
5 time1 = t.localtime()
6 show = "現在時刻:中華民國 " + str(int(time1.tm_year)
  -1911) +" 年 "
7 show += str(time1.tm_mon) + " 月 " + str(time1.
  tm_mday) + " 日 "
8 show += str(time1.tm_hour) + " 點 " + str(time1.
  tm_min) + " 分 "
9 show += str(time1.tm_sec) + " 秒 星期" + week[time1.
  tm_wday] + "\n"
10 show += "今天是今年的第 " + str(time1.tm_yday) +
  " 天,此地" + dst[time1.tm_isdst]
11 print(show)
```

程式說明

▼ 1　　　匯入時間模組並取別名為「t」。
▼ 3　　　建立星期幾對應串列。
▼ 4　　　建立日光節約時間對應串列。
▼ 5　　　以 localtime 函式取得目前時間資訊。
▼ 6　　　中華民國年份為西元年減去 1911。

延伸練習

某百貨公司會在一年中的上半年或下半年給予顧客不同折扣,請設計程式以時間模組幫櫃姐判斷今天是上半年還是下半年。(<localtime_cl.py>)

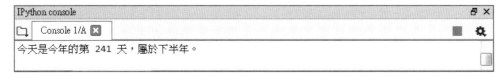

IPython console

Console 1/A

今天是今年的第 241 天,屬於下半年。

7.5.3 執行程式相關時間函式

sleep 函式

sleep 函式可讓程式休息一段時間，即程式停止執行一段時間，語法為：

```
time.sleep( 休息時間 )
```

「休息時間」的單位為「秒」，例如：

```
import time
print(" 等 3 秒才印下一列 ")
time.sleep(3)                    # 程式停止執行 3 秒
print(" 時間已過了 3 秒！")     #3 秒後列印此訊息
```

perf_counter 函式

perf_counter 函式的功能是取得程式執行的時間：第一次使用 perf_counter 函式是取得從程式開始執行到第一次使用 perf_counter 函式的時間，第二次以後使用 perf_counter 函式則是取得與第一次使用 perf_counter 函式之間的程式執行時間。例如：

```
import time
print(" 程式開始執行到現在的時間:" + str(time.perf _ counter()))
#9.330468879387362e-07
time.sleep(3.5)
print(" 程式延遲 3.5 秒的執行時間:" + str(time.perf _ counter()))
#3.500168648224995
```

可見到第一個列印值是接近 0 的數值，第二個列印值是接近 3.5 的數值。

perf_counter 函式常用於測試程式的效率：在測試程式碼前後加入 perf_counter 函式，計算兩者時間差就是執行該段程式的時間。

範例實作：計算執行一百萬次整數運算的時間

以 perf_counter 函式計算執行一百萬次整數運算的時間。(<clock.py>)

```
Console 1/A
執行一百萬次整數運算的時間：0.13194729218130033 秒
```

程式碼：ch07\clock.py

```python
1 import time as t
2
3 timestart = t.perf _ counter()
4 for i in range (0,1000):
5     for j in range (0,1000):
6         n = i * j
7 timeend = t.perf _ counter()
8 print(" 執行一百萬次整數運算的時間:"
  + str(timeend-timestart) + " 秒 ")
```

程式說明

- ▼ 3　　在迴圈前執行 perf_counter 函式。
- ▼ 4-5　　兩個執行 1000 次的巢狀迴圈，故執行 1000000 次。
- ▼ 6　　進行整數運算。
- ▼ 7　　在迴圈後執行 perf_counter 函式。
- ▼ 8　　執行 1000000 次整數運算只花了約 0.13 秒。此數值與電腦 CPU 運算速度有關，不同電腦會得到不同的數值。

延伸練習

以 perf_counter 函式計算執行一百萬次浮點數運算的時間（浮點數的運算遠比整數運算所花的時間長）。(<clock_cl.py>)

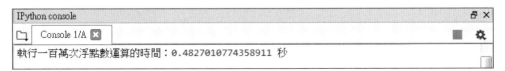

```
IPython console
Console 1/A
執行一百萬次浮點數運算的時間：0.4827010774358911 秒
```

重　點　整　理

■ Python 是以 def 命令建立函式，不但可以傳送多個參數給函式，執行完函式後也可返回多個回傳值。自行建立函式的語法為：

```
def 函式名稱([參數1, 參數2, ……]):
    程式區塊
    [return 回傳值1, 回傳值2, ……]
```

■ divmod 函式會同時傳回商數及餘數，語法為：

```
divmod(x, y)
```

■ sorted 函式可將串列中的值排序，語法為：

```
sorted(串列[, reverse=True|False])
```

■ split 函式的功能與 join 函式相反，是將一個字串以指定方式分割為串列，語法為：

```
字串.split([分隔字串])
```

■ replace 函式是將字串中特定字串替換為另一個字串，語法為：

```
字串.replace(被取代字串, 取代字串[, 最大次數])
```

■ randint 函式的功能是由指定範圍產生一個整數亂數，語法為：

```
random.randint(起始值, 終止值)
```

■ localtime 函式可以取得使用者時區的日期及時間資訊，語法為：

```
random.localtime([時間數值])
```

■ sleep 函式可讓程式休息一段時間，即程式停止執行一段時間，語法為：

```
random.sleep(休息時間)
```

綜 合 演 練

一、選擇題

(　　) 1. 函式的傳回值，下列何者正確？

(A) 無傳回值　(B) 1 個傳回值　(C) 2 個傳回值　(D) 以上皆可

(　　) 2. print(max([4,8,3,9,2,6])) 顯示的結果為何？

(A) 4　(B) 6　(C) 9　(D) 2

(　　) 3. print(pow(2,5,7)) 顯示的結果為何？

(A) 2　(B) 4　(C) 5　(D) 7

(　　) 4. print("hospital".replace("s","t")) 顯示的結果為何？

(A) hotpital　(B) hospisal　(C) hospital　(D) hotpisal

(　　) 5. print("hospital".startswith("ho")) 顯示的結果為何？

(A) True　(B) False　(C) hospital　(D) ho

(　　) 6. print("hospital".find("p")) 顯示的結果為何？

(A) -1　(B) 0　(C) 3　(D) 4

(　　) 7. 下列何者不可能是 print(random.randint(1,10)) 的顯示結果？

(A) 0　(B) 5　(C) 8　(D) 10

(　　) 8. 下列何者不可能是 print(random.randrange(0,15,3)) 的結果？

(A) 0　(B) 3　(C) 12　(D) 15

(　　) 9. 下列哪一個函式可讓程式停止執行一段時間？

(A) time　(B) sleep　(C) perf_counter　(D) localtime

(　　) 10.localtime 傳回的 tm_min 資料範圍為何？

(A) 1 到 60　(B) 0 到 60　(C) 0 到 59　(D) 1 到 59

綜合演練

二、實作題

1. 某軟體只能處理附加檔名為 jpg 及 png 的圖形檔案，設計程式讓使用者輸入圖片檔案名稱，程式會檢查輸入的圖片檔格式是否可以處理。

2. 請以自訂函式方式設計，讓使用者輸入以「平方公尺」為單位的房屋面積，畫面會顯示以「坪」為單位的房屋面積 (1 平方公尺 =0.3025 坪)。

3. 以十二小時制 (上午、下午) 顯示現在時刻。

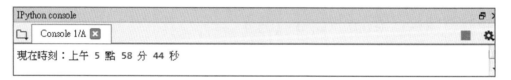

4. 小華媽媽上菜市場買菜，找錢時她希望在 1 元、5 元、10 元、50 元硬幣中找回最少的硬幣。小華就利用自訂函式幫媽媽寫了一個這樣的程式。

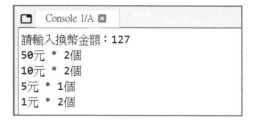

Chapter

08

演算法：排序與搜尋

8.1 認識演算法

做任何事情都有一定的步驟。簡單的說，演算法 (Algorithms) 就是為了解決一個問題而採取的方法和步驟，演算法通常會以虛擬碼來表示，再以熟悉的語言來實現，本書當然是以 Python 來完成。如果是較複雜的問題，有時還會繪製流程圖加以輔助。

以虛擬碼表示

例如我們想要撰寫「求三角形面積」這個問題的演算法並繪製流程圖。以下將這個任務以虛擬碼表示：

程式開始
    輸入　**底**
    輸入　**高**
    面積 = （**底** X **高**） / 2
    輸出　**面積**
程式結束

演算法和流程圖

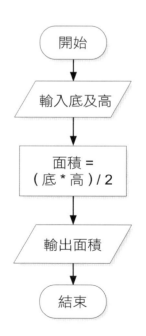

1. 程式開始

2. 輸入三角形的底和高

3. 計算三角形的面積 = （底 × 高）÷ 2

4. 輸出計算後所得三角形的面積

5. 程式結束

▲ 計算三角形面積流程圖

撰寫程式碼

> 程式碼：ch08\triangleArea.py

```python
bottom = int(input(" 請輸入三角形的底:"))

height = int(input(" 請輸入三角形的高:"))

area=(bottom*height)/2
print(" 三角形面積 =",area)
```

觀察執行結果

IPython console

Console 1/A

請輸入三角形的底：5

請輸入三角形的高：6
三角形面積= 15.0

In [136]:

注意
要開始了！

8.2 排序

將一串列的值由小至大或由大至小排列，稱為排序。在程式設計中常需要對資料進行排序，例如要計算學生成績的名次時，可先將成績總分由大到小排序，再於排序後的資料填入 1、2 、3、……等名次即可。

8.2.1 氣泡排序

排序的方法有很多種，氣泡排序是最簡單且最常用的排序方法，其原理為逐一比較兩個資料，如果符合指定的排序原則，就將兩個資料對調，如此反覆操作，就可完成排序工作。

氣泡排序的演算法

氣泡排序以由小到大排序為例，演算法的運作如下：

1. 比較相鄰的元素，如果第一個比第二個大，就將兩元素進行交換。

2. 對每一對相鄰元素作同樣的工作，從開始第一對到結尾的最後一對。這一步做完後，最後的元素就是最大的數。

3. 針對所有的元素重複以上的步驟，除了最後一個。

4. 持續每次對越來越少的元素重複上面的步驟，直到沒有任何一對數字需要比較。

由於它的簡潔，氣泡排序通常用來作為程式設計入門學生介紹演算法的概念。

可以建立顯示串列的自訂程序，顯示排序前、後的串列，方便對照。

泡沫排序的運作實例

例如有一序列的值是 3,5,2,1 要由小至大排序，泡沫排序的過程如下 (n 為串列元素個數，本例 n=4)：

1. 自序列第 1 個數開始至第 3 個數 (n-1) 為止，分別和它右邊的數比較，如果比右邊的數大，則兩數互相交換，也就是將較大數向右移，完成後可看到最大的數 5 已移到最右邊。如下：

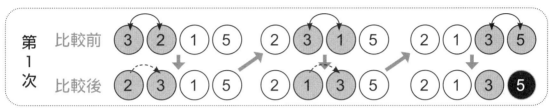

2. 現在 5 已是最大數不用再比了，再自序列第 1 個數開始至第 2 個數 (n-2) 為止，分別和它右邊的數比較，如果比右邊的數大，則兩數互相交換，完成後可看到第二大的數 3 已移到最右邊倒數第二的位置。如下：

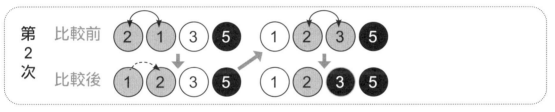

3. 現在 5、3 已是第 1、2 大的數不用再比了。自序列第 1 個數開始至第 1 個數 (n-3) 為止，和它右邊的數比較，如果比右邊的數大，則兩數互相交換，完成後可看到第三大的數 2 已冒到最右邊倒數第三的位置。如下：

是否感覺排序過程中，較大的數就像泡沫般往後冒出。整理出它的規則為：

1. 將串列索引值第 i 的串列元素分別和第 i+1 的串列元素比較，如果較大，則互相交換，第一次 i 的範圍由 0 到 n-1 (不包含 n-1，即 n 由 0~2)。

2. 相同的操作，將串列索引第 i 的串列元素分別和第 i+1 的串列元素比較，如果比第 i+1 的數大，則互相交換，第二次 i 的範圍由 0 到 n-2 (不包含 n-2，即 n 由 0~1)。

3. 重複的操作，直到全部比完為止。

泡沫排序的流程圖

例如有一串列包含 4 個元素，由小至大排序，泡沫排序的流程如下：

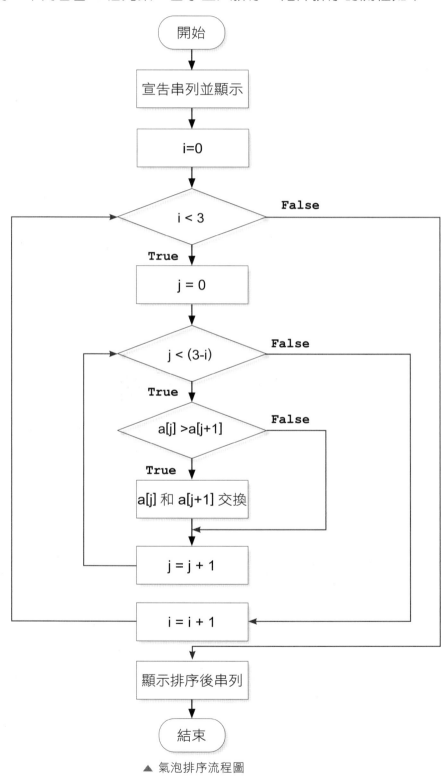

▲ 氣泡排序流程圖

範例實作：由小到大排序 (泡沫排序)

國隆發現泡沫排序是使用巢狀迴圈後，再利用自訂程序顯示串列，馬上就挑戰
datas=[3,5,2,1] 串列由小到大排序。(<bubble.py>)

```
IPython console
  Console 1/A
排序前： 3 5 2 1
排序後： 1 2 3 5

In [117]:
```

程式碼：ch08\bubble.py

```python
1   def disp_data(): # 顯示串列的自訂程序
2       for item in datas:
3           print(item,end=" ")
4       print()
5
6   # 主程式
7   datas=[3,5,2,1]
8   print(" 排序前:",end=" ")
9   disp_data() # 顯示排序前串列
10  n=len(datas)-1 # 串列長度 -1
11
12  for i in range(0,n):
13      for j in range(0,n-i):
14          if (datas[j]>datas[j+1]): # 由小到大排序
15              datas[j],datas[j+1]=datas[j+1],datas[j] #兩數互換
16
17  print(" 排序後:",end=" ")
18  disp_data()   # 顯示排序後串列
```

程式說明

▼ 1-4　　自訂程序顯示 datas 串列。

▼ 7　　　定義 datas 串列。

▼ 8-9　　顯示排序前的串列。

▼ 10　　 計算串列長度，因為索引值從 0 開始，因此須將 n 的值設為「串列長度 -1」，即「n=len(datas)-1」。

▼ 12　　 外迴圈 i 要處理的元素索引從第 0 到 n-1，也就是從第 1 個數處理到倒數第 2 個數為止。

▼ 13　　 內迴圈 j 要處理的元素索引從第 0 到 n-i，也就是從第 1 個數開始處理，到倒數第 n-i 個數為止。 當 i=0 為 n-0、i=1 為 n-1、i=2 為 n-2，處理的元素每次會減少一個。

▼ 14-15　相鄰的兩數比較，若「左邊的數 > 右邊的數」就將數互換。

▼ 17-18　顯示排序後的串列。

由小到大排序及由大到小排序

```
if (datas[j] > datas[j+1]) : ...
```

以上的程式碼會由小到大排序，要改為由大到小排序如下：

```
if (datas[j] < datas[j+1]) : ...
```

延伸練習

請將 datas=[2,3,5,7,1] 串列由大到小排序。(<bubble_cl.py>)

```
IPython console
Console 1/A
排序前： 2 3 5 7 1
排序後： 7 5 3 2 1

In [123]:
```

8.2.2 追蹤泡沫排序過程

泡沫排序使用兩個巢狀 for 迴圈，對於初學者理解上有一定的困難度，如果我們能在程式開發的過程中，適度地加入一些追蹤的程式，對於程式的理解會有很大的幫助。我們藉這個範例，導引大家如何加入追蹤的程式。

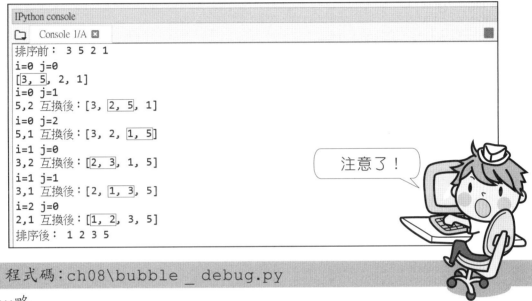

範例實作：追蹤泡沫排序的過程

這個範例任務是要將一個數列進行排序，並且：

1. 顯示 i、j 變化的過程。

2. 顯示兩鄰兩數交換的過程。

程式碼：ch08\bubble _ debug.py

···略

```
12 for i in range(0,n):
13   for j in range(0,n-i):
14     print("i=%d j=%d" %(i,j))
15     if (datas[j]>datas[j+1]): # 由大到小排序
16       print("%d,%d 互換後" %(datas[j],datas[j+1])  ,end=":")
17       datas[j],datas[j+1]=datas[j+1],datas[j] # 兩數互換
18       print(datas)
```

···略

程式說明

▼ 14　　　顯示 i、j 變化的過程。

▼ 16　　　顯示兩鄰兩數交換的過程。

▼ 17　　　兩數互換。

▼ 18　　　顯示串列。

8.3 搜尋

資料搜尋是串列另一個最常使用的功能。搜尋資料常用的搜尋方法有循序搜尋和二分搜尋，循序搜尋是依序逐一搜尋；使用二分搜尋則可以提昇速度，但程式較複雜，且搜尋前資料必須先進行排序。

8.3.1 循序搜尋

循序搜尋是從串列中第一個串列元素開始，依序逐一搜尋，方法很簡單，但是缺點是較沒有效率。

循序搜尋的演算法

循序搜尋資料可以不用排序，演算法的運作如下：

1. 從串列中第一個串列元素開始搜尋。

2. 如果找到目標，結束搜尋。

3. 如果沒有找到目標，繼續搜尋下一個串列元素，直到串列元素全部搜尋完為止。

循序搜尋是從第一個串列元素開始，依序逐一搜尋，如果串列元素有 n 個，循序搜尋最快一次就可以搜尋到， 最慢則需 n 次才能搜尋到。程式中刻意加入「比對次數」訊息，目的是要讓使用者了解實際的搜尋次數（實際應用程式中可將此部分移除）：觀察執行結果的第二項，當查詢資料不存在時，循序搜尋須從頭到尾搜尋一次，本範例中有 8 筆資料，所以顯示比對 8 次。實際應用時資料動輒數十萬筆，一次搜尋就要比對數十萬次，非常沒有效率，將造成系統很重的負擔，且搜尋時間很長！

循序搜尋的運作實例

例如有一序列的值是 8, 6, 1, 2, 4, 7, 9, 3, 10, 5，若想要在其中找出 9 這個值所在的位置，循序搜尋的過程如下，要找到第 7 次才能找到：

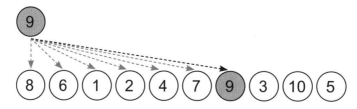

循序搜尋的流程圖

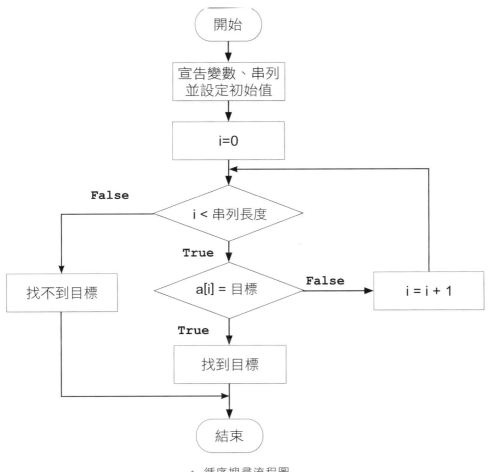

▲ 循序搜尋流程圖

範例實作：中獎者姓名 (循序搜尋)

百貨公司舉辦週年抽獎活動，將顧客的抽獎編號及姓名分別儲存於串列中，使用者輸入編號，程式會搜尋出該編號的姓名並顯示；若查詢不到也會顯示無此編號的訊息。(<sequential.py>)

```
IPython console

Console 1/A

請輸入中獎者的編號：389
中獎者的姓名為： 李大同
共比對 4次
```

```
IPython console

Console 1/A

請輸入中獎者的編號：999
無此中獎號碼！
共比對 8次
```

程式碼：ch08\sequential.py

```
1    num=[256,731,943,389,142,645,829,945]
2    name=[" 林小虎 "," 王中森 "," 邵木淼 "," 李大同 "," 陳子孔 ",
              " 鄭美麗 "," 曾溫柔 "," 錢來多 "]
3    no = int(input(" 請輸入中獎者的編號:"))
4
5    IsFound=False
6    for i in range(len(name)):    # 逐一比對搜尋
7        if (num[i]==no):          # 號碼相符
8            IsFound=True          # 設旗標為 True
9            break                 # 結束比對
10
11   if (IsFound==True):
12       print(" 中獎者的姓名為:",name[i])
13   else:
14       print(" 無此中獎號碼！")
15   print(" 共比對 %d 次 " %(i+1))
```

程式說明

▼ 1-2   分別建立編號及姓名的對應串列。

▼ 3   輸入中獎者的編號 no。

▼ 5   宣告 IsFound 並預設為 False，如果在 6-9 列的搜尋有找到查詢資料，就設 IsFound=True。在程式設計中，這個觀念稱為旗標，也就是如果有找到就將設旗標 IsFound=True，否則 IsFound 的值為 False，最後判斷旗標 IsFound 就可得知資料是否有找到。

▼ 6-9   逐一比對資料是否相符。

▼ 9   如果找到查詢資料就離開 for 迴圈。

▼ 11-14   根據判斷旗標 IsFound 以得知資料是否有找到來顯示訊息。

▼ 15   因為 i 的值是由 0 開始，所以比對次數是將其加 1 才是真正的比對次數。

延伸練習

志達有一大堆的彩券要對獎，但不知道是否有中獎，他將中獎號碼建立成串列 num=[67,12,9,52,91,3]，再逐一輸入彩券號碼，以循序搜尋方法檢查該號碼 是否有中獎，並顯示搜尋結果。(sequential_cl.cpp)

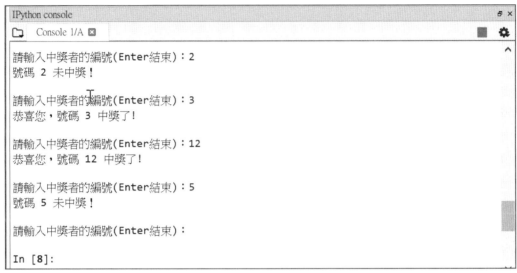

```
IPython console                                                    🗗 ×
    Console 1/A ☒                                                  ■ ✿
請輸入中獎者的編號(Enter結束)：2
號碼 2 未中獎！

請輸入中獎者的編號(Enter結束)：3
恭喜您，號碼 3 中獎了！

請輸入中獎者的編號(Enter結束)：12
恭喜您，號碼 12 中獎了！

請輸入中獎者的編號(Enter結束)：5
號碼 5 未中獎！

請輸入中獎者的編號(Enter結束)：

In [8]:
```

旗標的應用

程式中常需要判斷某個事件是否發生，此時可以宣告一個布林變 數來記錄，此布林變數稱為「旗標」。

例如上例中要記錄是否搜尋到所要尋找的資料，首先在第 5 列宣 告布林變數並設定初始值為 False，表示尚未找到資料：

```
IsFound=False
```

接著在程式中找到資料處設定旗標為 True，表示已找到資料。最 後只要看旗標值，就可知道是否找到資料而做不同的處理，如上 例的 11 到 14 列：

```
if (IsFound==True):
    print(" 中獎者的姓名為:",name[i])
else:
    print(" 無此中獎號碼! ")
```

8.3.2 二分搜尋

二分搜尋法必須先將串列資料排序好,再以正中央的串列元素將串列分為兩半:較大部分及較小部分。然後以此正中央串列元素和欲搜尋的資料做比較,如果相等表示找到資料,如果正中央串列元素大於欲搜尋資料,代表要尋找的資料是落在比較小的那半部,可以去掉較大的那一半,只保留較小的那一半再繼續搜尋;如果正中央串列元素小於欲搜尋資料,代表要尋找的資料是落在比較大的那半部,可以去掉較小的那一半,只保留較大的那一半再繼續搜尋。

二分搜尋的演算法

二分搜尋法搜尋前,資料必須先排序,演算法的運作如下:

1. 資料排序。

2. 以正中央的串列元素將串列分為較小部分、較大部分兩半。

3. 此正中央串列元素和欲搜尋的目標做比較。

4. 如果找到資料就結束搜尋。

5. 如果正中央串列元素大於欲搜尋目標,去掉較大的那一半,只保留較小的那一半再繼續搜尋。

6. 如果正中央串列元素小於欲搜尋目標,去掉較小的那一半,只保留較大的那一半再繼續搜尋。

使用二分搜尋可以大幅提昇搜尋速度,若陣列元素有 n 個,搜尋次數為 m,當 n 為 2 的指數,則公式為 $2^{m-1}=n$;當 n 不為 2 的指數, 則公式為 $2^m>n$。

例如有 8 筆資料,陣列元素的數量是 2 的指數,則最多 4 次 ($2^{4-1}=2^3=8$) 就可搜尋到;如果有 20 筆資料,陣列元素的數量不是 2 的指數,則最多 5 次 ($2^5=32>20$) 就可搜尋到。

當資料數量越大時,其與循序搜尋的差異就越大,例如有 10000 筆資料時,循序搜尋最多需比對 10000 次,而使用二分搜尋法最多不超過 14 次 ($2^{14}=16384>10000$) 就可搜尋到,夠快吧!

二分搜尋的運作實例

例如有一序列的值是 8, 6, 1, 2, 4, 7, 9, 3, 10, 5，若想要在其中找出 9 這個值所在的位置，二分搜尋的過程如下，只要 3 次就能找到：

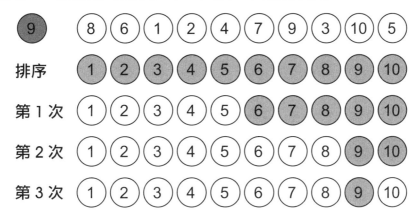

二分搜尋的流程圖

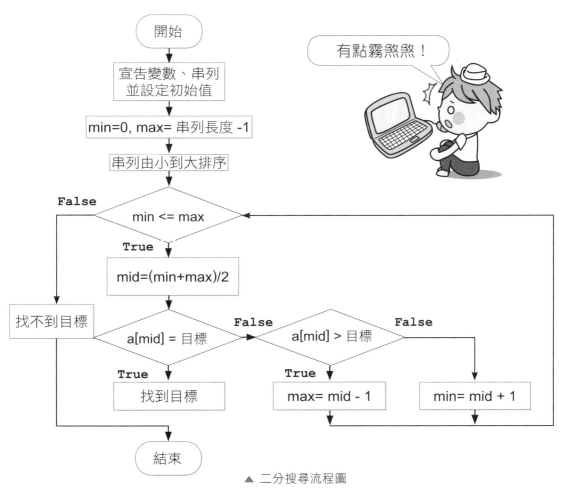

▲ 二分搜尋流程圖

範例實作：二分搜尋：中獎者姓名

與前一範例相同，此處以二分搜尋法執行搜尋。(<binary.py>)

```
IPython console
  Console 1/A  ☒

請輸入中獎者的編號：731
中獎者的姓名為： 王中森
共比對  4  次
```

```
IPython console
  Console 1/A  ☒

請輸入中獎者的編號：999
無此中獎號碼！
共比對  4  次
```

程式碼：ch08\binary.py

```python
1   num=[256,731,943,389,142,645,829,945,371,418]
2   name=[" 林小虎 "," 王中森 "," 邵木淼 "," 李大同 "," 陳子孔 ",
            " 鄭美麗 "," 曾溫柔 "," 錢來多 "," 賈天良 "," 吳水品 "]
3
4   n=len(num)-1  # 串列長度 -1
5   IsFound=False
6   min=0
7   max=n
8   c=0  #計算比對次數
9
10  for i in range(0,n):
11      for j in range(0,n-i):
12          if (num[j]>num[j+1]):  # 由小到大排序
13              num[j],num[j+1]=num[j+1],num[j]# 兩數互換
14              name[j],name[j+1]=name[j+1],name[j]# 姓名互換
15
16  no = int(input(" 請輸入中獎者的編號:"))
17
18  while(min<=max):
19      mid=int((min+max)/2)
20      c+=1    # 比對次數加 1
21      if (num[mid]==no):    # 號碼相符
```

```
22         IsFound=True
23         break
24 
25     if (num[mid]>no):     # 如果中間值大於輸入值
26        max=mid-1          # 使用較小的一半區域繼續比對
27     else:                 # 如果中間值不大於輸入值
28        min=mid+1          # 使用較大的一半區域繼續比對
29 
30 if (IsFound==True):
31     print("中獎者的姓名為:",name[mid])
32 else:
33     print("無此中獎號碼!")
34 print("共比對 ", c ," 次")
```

程式說明

- 1-2　分別建立編號及姓名的對應串列。
- 4　設定 n 為串列長度 -1。
- 5　宣告 IsFound 並預設為 False。
- 6-7　開始時設定串列最小索引值 min=0，最大值 max= 串列長度 -1。
- 8　設定比對次數初始值 c=0。
- 10-14　執行編號串列由小到大排序，在交換編號時要將姓名也交換，才能保持編號與姓名一致。
- 16　輸入中獎者的編號 no。
- 18　重複搜尋直到 min<=max 不成立才停止。
- 19　「mid=int((min+max)/2)」表示取串列正中央的元素加以比較。
- 20　比對次數加 1。
- 21-23　如果有找到，後面都不要找了，以 break 強迫離開迴圈。
- 25-26　「if (num[mid]>no)」條件成立代表要尋找的資料 no 是落在比較小的那半部，所以將最大值 max 重設為 max=mid-1，表示要去掉較大的那一半，只保留較小的那一半再繼續搜尋。
- 27-28　將 min 重設為 min=mid+1，表示要去掉較小的那一半，只保留較大的那一半繼續搜尋。
- 30-34　顯示搜尋結果。

再提醒一次：使用二分搜尋法時，在執行搜尋前必須先將資料排序。

延伸練習

阿達上次彩券對獎，可惜都未中獎，他懷疑循序搜尋法沒效率效害他搥龜，現在他決定改用二分搜尋方法來對獎。他將中獎號碼建立成中獎號碼串列 num=[67,12,9,52,91,3]，再逐一輸入彩券號碼，以二分搜尋方法檢查彩券是否中獎，並顯示查詢結果。(binary_cl.cpp)

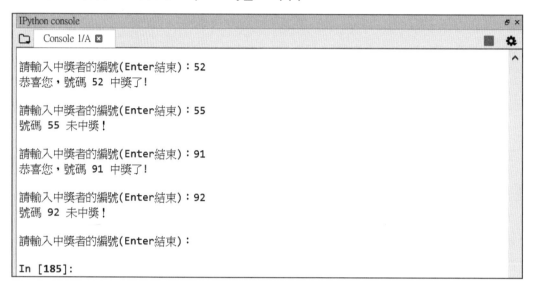

```
IPython console                                          ⊟ ✕
  Console 1/A ✕                                        ■  ✿
請輸入中獎者的編號(Enter結束)：52
恭喜您，號碼 52 中獎了!

請輸入中獎者的編號(Enter結束)：55
號碼 55 未中獎!

請輸入中獎者的編號(Enter結束)：91
恭喜您，號碼 91 中獎了!

請輸入中獎者的編號(Enter結束)：92
號碼 92 未中獎!

請輸入中獎者的編號(Enter結束)：

In [185]:
```

- **演算法** (Algorithms) 就是為了解決一個問題而採取的方法和步驟,演算法通常會以虛擬碼來表示,再以熟悉的語言來實現, 如果是較複雜的問題,有時還會繪製流程圖加以輔助。

- **泡沫排序** 是最簡單且最常用的排序方法,其原理為逐一比較兩個資料,如果符合指定的排序原則,就將兩個資料對調,如此反覆操作,就可完成排序工作。

- **資料搜尋** 是串列另一個最常使用的功能,搜尋資料常用的搜尋方法有循序搜尋和二分搜尋。

- **循序搜尋** 是從串列中第一個串列元素開始,依序逐一搜尋,方法很簡單,但是沒有效率。

- **二分搜尋** 可以提昇速度,但程式較複雜,並且搜尋前資料必須先進行排序。

一、選擇題

(　　) 1. 執行下列程式，下列結果何者正確？

```python
datas=[3,5,2,1]
n=len(datas)-1
for i in range(0,n):
  for j in range(0,n-i):
    if (datas[j]>datas[j+1]):
      datas[j],datas[j+1]=datas[j+1],datas[j]
print(datas)
```

(A) [3,5,2,1]　(B) [5,3,2,1]　(C) [1,2,3,5]　(D) [3,5,1,2]

(　　) 2. 執行下列程式，下列顯示結果何者正確？

```python
num=[67,12,9,52,91,3]
no=52
for i in range(len(num)):
    if (num[i]==no):
        break
print(i)
```

(A) 52　(B) i　(C) no　(D) 3

(　　) 3. 下列哪一個排序法，在執行搜尋前必須先將資料排序。

(A) 循序搜尋法　(B) 二分搜尋法　(C) 泡沫搜尋法　(D) 以上皆是

(　　) 4. 有 10000 筆資料時，使用循序搜尋最少需多少次？

(A) 1　(B) 10000　(C) 15　(D) 14

(　　) 5. 有 10000 筆資料時，使用循序搜尋最多需多少次？

(A) 1　(B) 10000　(C) 15　(D) 14

(　　) 6. 有 10000 筆資料時，使用二分搜尋最多需多少次？

(A) 1　(B) 10000　(C) 15　(D) 14

(   ) 7. 下列哪一種搜尋方法效率最好？

         (A) 二分搜尋   (B) 循序搜尋   (C) 泡沫搜尋   (D) 三者效率相同

(   ) 8. 執行下列程式，下列結果何者正確？

```
num=[256,731,943,389,142,645,829,945]
name=[" 林小虎 "," 王中森 "," 邵木淼 "," 李大同 ",
        " 陳子孔 "," 鄭美麗 "," 曾溫柔 "," 錢來多 "]
no = 100
IsFound=False
for i in range(len(name)):    # 逐一比對搜尋
    if (num[i]==no):          # 號碼相符
        IsFound=True          # 設旗標為 True
        break                 # 結束比對
if (IsFound==True):
    print(" 中獎者的姓名為:",name[i])
else:
    print(" 無此中獎號碼！")
print(" 共比對 %d 次 " %(i+1))
```

         (A) no = 256   (B) IsFound=True   (C) 共比對 9 次 (D) 以上皆非

(   ) 9. 同第 8 題，中獎者的姓名為？

         (A) 錢來多   (B) 曾溫柔   (C) 鄭美麗   (D) 無此中獎號碼！

(   ) 10.同第 8 題，這個程式是？

         (A) 二分搜尋   (B) 循序搜尋   (C) 泡沫搜尋   (D) 以上皆非

二、實作題

1   小華利用泡沫排序法，輸入 n 組的數字後 (按 Enter 結束輸入)，成功將所有數字由大到小排序。

綜 合 演 練

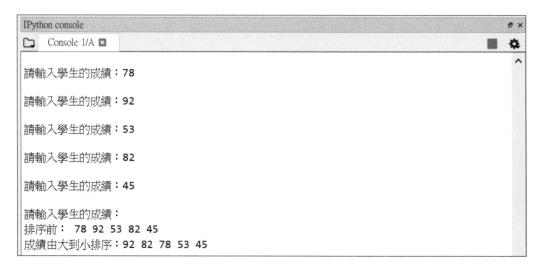

```
IPython console
Console 1/A

請輸入學生的成績：78

請輸入學生的成績：92

請輸入學生的成績：53

請輸入學生的成績：82

請輸入學生的成績：45

請輸入學生的成績：
排序前： 78 92 53 82 45
成績由大到小排序：92 82 78 53 45
```

2. 俊民將中獎號碼建立成串列 num=[67,12,9,52,91,3]，讓妹妹輸入三個號碼，再以循序搜尋方法檢查這三個號碼中有幾個中獎，並顯示其結果。

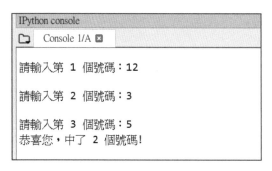

```
IPython console
Console 1/A

請輸入第 1 個號碼：12

請輸入第 2 個號碼：3

請輸入第 3 個號碼：5
恭喜您，中了 2 個號碼！
```

```
IPython console
Console 1/A

請輸入第 1 個號碼：1

請輸入第 2 個號碼：5

請輸入第 3 個號碼：8
可惜，您未中獎！
```

3. 下列名單為本期大樂透的中獎名單 name=["David","Lily","Chiou","Bear","Shantel","Cynthia"]，讓使用者輸入一個姓名， 輸入的字元大小寫不分，例如輸入：「david」 、「David」、「DAVID」都是同一人，請以二分搜尋法檢查該名單是否中獎，並顯示查詢結果。

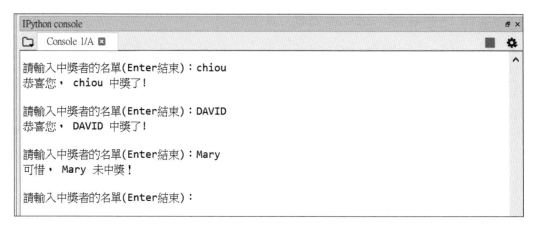

```
IPython console
Console 1/A

請輸入中獎者的名單(Enter結束)：chiou
恭喜您， chiou 中獎了！

請輸入中獎者的名單(Enter結束)：DAVID
恭喜您， DAVID 中獎了！

請輸入中獎者的名單(Enter結束)：Mary
可惜， Mary 未中獎！

請輸入中獎者的名單(Enter結束)：
```

檔案與例外處理

Python 零基礎入門班

9.1 檔案的操作

Python 內建的函式 open() 可以開啟指定的檔案，以便進行檔案內容的讀取、寫入或修改。

9.1.1 開啟檔案的語法

```
open ( 檔案名稱 [, 模式 ] [, 編碼 ] )
```

open() 函式中最常使用的參數是 filename、mode 和 encode，其中只有參數檔案名稱是必填，其他參數省略時會使用預設值。

檔案名稱

開啟的檔案名稱，包含了檔案路徑，它是字串型態。其中路徑可以是相對或絕對路徑，如果沒有設定則會以目前執行程式的目錄為預設值。

模式

設定檔案開啟的模式，它也是字串型態，省略參數時會以讀取模式為預設值。

編碼

參數 encode 是用來指定檔案的編碼，非必填，一般可設定 cp950 (Big-5 編碼) 或 UTF-8。Windows 繁體中文作業系統的預設編碼為 cp950 (Big-5 編碼)。

9.1.2 開啟檔案的模式

使用 open() 函式開啟檔案常見的模式有：

模式	說明
r	讀取模式，指標會置於檔頭。此為預設模式。
w	寫入模式，指定檔案沒有時會新增，再寫入檔案;若檔案已存在，寫入內容會覆蓋原內容。
a	附加模式，指定檔案沒有時會新增，再寫入檔案;若檔案已存在，寫入內容會被附加至檔尾。
r+	可讀寫模式，指標會置於檔頭。

模式	説明
w+	可讀寫模式，指定檔案沒有時會新增，再寫入檔案；若檔案已存在，寫入內容會覆蓋原內容。
a+	可讀寫模式，指定檔案沒有時會新增，再寫入檔案；若檔案已存在，寫入內容會被附加至檔尾。

使用 open() 函式時會建立一個物件，利用這個物件就可以處理檔案，檔案處理結束要以 close() 方法關閉檔案，例如：

```
f = open('file1.txt','r')
...
f.close()
```

 範例實作：以讀取模式開啟檔案並顯示資料

小龍接著以 open 函式讀取 <file1.txt> 檔，並將資料內容顯示出來。
(<fileread1.py>)

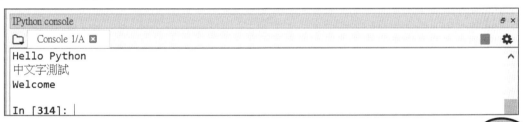

程式碼：ch09\fileread1.py

```
1    f = open('file1.txt','r')
2    for line in f:
3        print(line, end="")
4    f.close()
```

程式說明

▼ 1   使用 open() 函式以讀取模式開啟 <file1.txt>。
▼ 2-3   使用 for 迴圈依序將檔案中的文字讀出，並以 print() 函式顯示。
▼ 4   關閉檔案。

9.1.3 使用 with…as 語法

使用了 open() 函式開啟檔案處理之後，就必須使用 close 方法將檔案關閉。但您可以使用 with…as 語法來簡化，當語法結束後會自動關閉開啟的檔案，就不需要再以 close 方法主動關閉檔案了。

```
with open(檔案名稱, 模式) as 檔案物件:
    程式區塊
```

請注意：with 敘述後的程式區塊必須縮排，脫離縮排即關閉檔案。

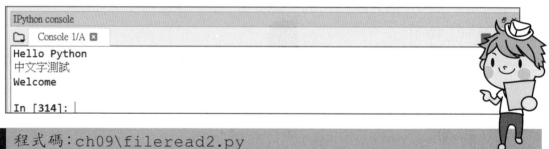
範例實作：以 with…as 語法開啟檔案並顯示資料

小龍也幫阿甘以 with…as 語法搭配 open() 函式讀取 <file1.txt> 檔，同樣也可以顯示資料內容，而且還會主動關閉檔案。(<fileread2.py>)

```
IPython console
Console 1/A
Hello Python
中文字測試
Welcome

In [314]:
```

程式碼：ch09\fileread2.py

```
1    with open('file1.txt','r') as f:
2        for line in f:
3            print(line,end="")
```

程式說明

▶ 1   使用 with…as 語法搭配 open() 函式以讀取模式開啟 <file1.txt>。

▶ 2-3   使用 for 迴圈依序將檔案中的文字讀出，並以 print() 函式顯示。

9.1.4 檔案處理

讀取的檔案，可以顯示其內容，也可以將內容寫入檔案中儲存。

常用處理檔案內容的方法如下：

方法	說明
close()	關閉檔案並將資料寫入到檔案中，檔案關閉後就不能再進行讀寫的操作。
flush()	一般情況，在檔案關閉時會將資料寫入檔案中，也可以使用 flush() 強迫將緩衝區的資料立即寫入檔案中，並清除緩衝區。
read([size])	讀取指定長度的字元，如果未指定則會讀取所有字元。
readable()	測試是否可讀取。
readline([size])	讀取目前文字指標所在列中 size 長度的文字內容，若省略預設會讀取一整列，包括 "\n" 字符。
readlines()	讀取所有內容，會傳回一個串列。
next()	移動到下一列。
seek(0)	將指標移到文件最前端。
tell()	傳回文件目前位置。
write(str)	將指定的字串寫入文件中，它沒有返回值。
writable()	測試是否可寫入。

read()

read() 會從目前的指標的位置，讀取指定長度的字元，如果未指定長度則會讀取所有的字元。例如：讀取 <file1.txt> 檔案的前 5 個字元，將會顯示「Hello」。(<fileread3.py>)

```
1    f=open('file1.txt','r')
2    str1=f.read(5)
3    print(str1)    # Hello
4    f.close()
```

readlines()

讀取全部文件內容，它會以串列方式傳回，每一列會成為串列中的一個元素。例如：讀取 <file1.txt> 檔案的所有的文件內容。(<fileread4.py>)

```
1    with open('file1.txt','r') as f:
2        content=f.readlines()
3        print(type(content))    # <class 'list'>
4        print(content)
```

執行結果：

readlines() 以串列很清楚地傳回所有文件內容，包括「\n」跳列字元，甚至是隱含的字元。

readline([size])

讀取目前文字指標所在列中 size 長度的文字內容，並將指標移到下一個字元位置，若省略參數，則會讀取一整列，包括「\n」字元。例如：讀取 <file2.txt> 檔案文件內容。(<fileread7.py>)

```
1    f=open('file2.txt','r')
2    print(f.readline())    # 123 中文字 \n
3    print(f.readline())    # abcde\n
4    print(f.readline(1))  # h
5    print(f.readline(3))  # ell
6    f.close()
```

執行結果：

```
Console 1/A
123中文字

abcde

h
ell
```

程式說明

▼ 2   以 f.readline() 讀取第一列文字並將指標會移動到下一列，顯示「123 中文字 \n」，因為包含「\n」跳列字元，因此以 print() 顯示時中間會多出一列空白列。

▼ 3   以 f.readline() 讀取第二列文字並將指標會移動到下一列，顯示「abcde\n」。

▼ 4   f.readline(1) 讀取第 3 列文字中的第 1 個字元「h」，並將指標移動到下一個字元，即「e」的位置。

▼ 5   f.readline(3) 自「e」字元開始讀取 3 個字元「ell」，並將指標移動到下一個字元，即「o」的位置。

範例實作：在每段文章的前面加上編號

開啟文字檔 <file3.txt>，以 readlines() 方法讀取所有資料並在每段文章的前面加上編號。(<Addlineno.py>)

```
file3.txt - 記事本                                                    —  □  ×
檔案(F) 編輯(E) 格式(O) 檢視(V) 說明(H)
串列（又稱為「清單」或「列表」），與其他語言的「陣列（Array）」相同，其功能與變數相類似，是提供儲存資料的記憶體空間。
每一個串列擁有一個名稱，做為識別該串列的標誌；串列中每一個資料稱為「元素」，每一個串列元素相當於一個變數，如此就可輕易儲存大量的資料儲存空間。
可以把串列想成是有許多相同名稱的箱子，連續排列在一起，這些箱子可以儲存資料，而每個箱子有不同編號，如果要存取箱子中的資料，只要指定編號即可存取對應箱子內的資料。|
```

```
IPython console                                                        ⮻ ×
Console 1/A
 1 ： 串列（又稱為「清單」或「列表」），與其他語言的「陣列（Array）」相同，其功能與變數相
類似，是提供儲存資料的記憶體空間。

 2 ： 每一個串列擁有一個名稱，做為識別該串列的標誌；串列中每一個資料稱為「元素」，每一個
串列元素相當於一個變數。

 3 ： 可以把串列想成是有許多相同名稱的箱子，連續排列在一起，而每個箱子有不同編號，只要指
定編號即可存取對應箱子內的資料。
```

程式碼：ch09\Addlineno.py

```
1    file = "file3.txt"
2    with open(file,'r') as f:
3        content=f.readlines()
4
5    i=1
6    for row in content:
7        print("%2s : %s" %(i,row))
8        i+=1
```

程式說明

▮ 1-3　　讀取 <file3.txt> 檔所有文字，存至 content 串列中。

▮ 5　　　從第 1 列開始。

▮ 6　　　依序取得 content 串列的元素。

▮ 7　　　在每列程式碼的前面加上編號，因此 content 串列的元素最後已包含了「\n」跳列字元，因此顯示時會跳列。

▮ 8　　　列數加 1。

 延伸練習

開啟文字檔 <file2.txt>，以 read() 方法讀取後計算文章中總共有多少個字元。
(<Addlineno_cl.py>)

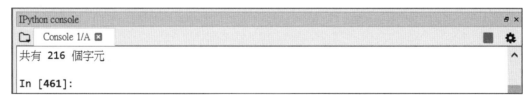

```
IPython console                                          ⊟ ×
  Console 1/A ⊠                                        ■  ✿
共有 216 個字元                                            ^

In [461]:
```

9.2 檔案和目錄管理

工作中大部分的時間都是在處理檔案和資料，Python 提供了實用的模組方便操作檔案和目錄。

9.2.1 os.path 模組

os 模組提供操作目錄及檔案的方法，但在操作檔案及資料夾之前要用 os.path 模組用以處理檔案路徑和名稱，檢查檔案或路徑是否存在，也可以計算檔案的大小。使用時必須匯入 os 模組。

isfile 及 isdir 方法

isfile() 可以檢查檔案是否存在，isdir() 可以檢查資料夾是否存在，回傳值是布林值 (True/False)，語法為：

```
import os
os.path.isfile(檔案路徑)      #True/False
os.path.isdir(資料夾路徑)      #True/False
```

exists 方法

exists() 可以同時檢查檔案或是資料夾是否存在，回傳值是布林值 (True/False)，語法為：

```
import os
os.path.exists(檔案或資料夾路徑)  #True/False
```

9.2.2 os 模組

remove 方法

刪除指定的檔案，一般都會配合 os.path 的 exists() 方法，先檢查該檔案是否存在，再決定是否要刪除檔案，例如：檢查 <myFile.txt> 檔案是否存在，如果在則刪除檔案，不在則顯示訊息。(<osremove.py>)

```
import os
file = "myFile.txt"
if os.path.exists(file):
    os.remove(file)
else:
    print(file + " 檔案未建立!")
```

mkdir 方法

利用 mkdir() 方法可以建立指定的目錄,語法為:

```
import os
os.mkdir(" 資料夾路徑 ")
```

例如:檢查 <myDir> 資料夾是否存在,如果不在則新增,在則顯示訊息。
(<osmkdir.py>)

```
import os
dir = "myDir"
if not os.path.exists(dir):
    os.mkdir(dir)
else:
    print(dir + " 已經建立!")
```

rmdir 方法

rmdir() 方法可以刪除指定的目錄,刪除時必須先刪除該目錄中的檔案。例如:
檢查 <myDir> 資料夾是否存在,如果在則刪除,不在則顯示訊息。(<osrmdir.
py>)

```
import os
dir = "myDir"
if os.path.exists(dir):
    os.rmdir(dir)
else:
    print(dir + " 目錄未建立!")
```

9.3 例外處理

Python 直譯器 (interpreter) 當執行程式發生錯誤時會引發例外 (exception) 並中斷程式執行，例如：變數不存在、資料型別不符等。甚至有些錯誤並不全然是程式的邏輯錯誤，例如程式中打算開啟檔案，但檔名並不存在，這種情況下，我們需要的是引發例外後的處理動作，而非中止程式的執行。

9.3.1 try⋯except⋯else⋯finally 語法

語法架構如下：

```
try:
        執行測試的程式區塊
except  例外情況：
        處理發生指定例外情況的程式區塊
except:
        處理其他所有例外的程式區塊
else:
        沒有發生例外時執行的程式區塊
finally:
        一定會執行的程式區塊
```

1. 在 try⋯except 中最少必須有一個 except 敘述，將可能引發錯誤的程式碼寫在 try 敘述中，當有錯誤發生時，就會引發例外執行 except 程式區塊。else 及 finally 則是選擇性的，else 敘述是沒有發生錯誤時執行，而 finally 敘述則是無論例外有沒有發生都會執行的程式區塊。

2. try⋯except 取得例外必須由小範圍而後大範圍，如果有想要特別捕捉的錯誤訊息就先寫在前方的 except 中， 最後一個 except 的錯誤型別為「except Exception」，就是前方沒有列出的錯誤就都在這裡進行相關的處理。

3. else 是沒有發生錯誤時會執行的動作。

4. finally 則是在 try⋯except 完成後一定會執行的動作，一般都是使用在刪除物件或關閉檔案等。

9.3.2 try…except…else…finally 使用方式

最簡單的方式是只有 try…except，例如：在 try 敘述中顯示 n，但因為變數 n 並不存在，執行時將會引發例外，執行 except 中的程式區塊，因此會顯示「變數 n 不存在!」訊息。(<try1.py>)

```
try:
    print(n)
except:
    print(" 變數  n  不存在 !")
```

加入 else 時，程式正確會執行之後的程式區塊，若加入另一個關鍵字 finally，無論例外有沒有發生都會執行 finally 後的程式區塊。例如：下列程式引發例外，同時會執行 finally 中的程式區塊 (<try2.py>)

```
try:
    print(n)
except:
    print(" 變數  n  不存在 !")
else:
    print(" 變數  n  存在 !")
finally:
    print(" 一定會執行的程式區塊 ")
```

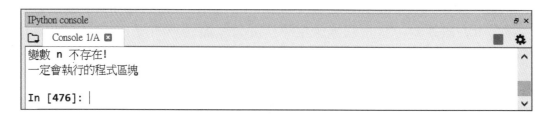

範例實作：輸入兩個正整數求和，捕捉輸入的錯誤

班上的除錯高手大元，在他的程式中加入了錯誤的捕捉，在輸入兩個正整數，求兩數之和的程式中，若輸入非數值資料，可以 try…except 輕鬆捕捉發生的錯誤。(<tryadd.py>)

IPython console	IPython console
☐ Console 1/A ☒	☐ Console 1/A ☒
請輸入第一個整數：2	請輸入第一個整數：2
請輸入第二個整數：3 r= 5	請輸入第二個整數：a 發生輸入非數值的錯誤！

程式碼：ch09\tryadd.py

```
1   try:
2       a=int(input(" 請輸入第一個整數:"))
3       b=int(input(" 請輸入第二個整數:"))
4       r = a + b
5       print("r=",r)
6   except:
7       print(" 發生輸入非數值的錯誤 !")
```

程式說明

▼ 1-5 　　輸入 a、b 兩數後求和後並顯示，若輸入非數值的字元將引起錯誤。

▼ 6-7 　　發生錯誤的處理，本例顯示「發生輸入非數值的錯誤！」訊息。

延伸練習

大元接著又改進以 open 函式開啟檔案並顯示檔案內容的程式，讓程式處理當輸入檔案不存在或檔案開啟錯誤時，可以 try…except 捕捉發生的錯誤。(<tryopenfile.py>)

☐ Console 1/A ☒	☐ Console 1/A ☒
請輸入檔案名稱：file1.txt Hello Python 中文字測試 Welcome	請輸入檔案名稱：newfile.txt 檔案不存在或無法開啟檔案！ In [25]:

9.3.3 try…except 常用錯誤表

有時候對於錯誤捕捉希望更精準些，例如：以「2 % b」求兩數的餘數時，會因為除數 b 為非整數發生「輸入非數值的錯誤！」，輸入「2 % 0」則會因為除數為 0 發生「分母為 0 的錯誤！」。此時可以在 except 後面指定錯誤型別即可，以下是常用錯誤表：

錯誤名稱	說明
IOError	輸入 / 輸出錯誤。
NameError	變數名稱未宣告的錯誤。
ValueError	數值錯誤。
ZeroDivisionError	除數為 0 的錯誤。

例如：想要以 ValueError 捕捉「輸入非數值的錯誤！」、以 ZeroDivisionError 捕捉「分母為 0 的錯誤！」。

```
except ValueError:
    print(" 輸入非數值的錯誤 !")
except ZeroDivisionError:
    print(" 分母為 0 的錯誤 !")
```

 範例實作：捕捉非數值資料和除數為 0 的錯誤

放假回來，大元展示他的得意作品。當輸入兩個正整數，求兩數之餘數時，可以 try…except 捕捉多個發生的錯誤，包括輸入非數值資料和除數為 0 的錯誤，大家都同聲說讚。(<trymod.py>)

```
請輸入第一個整數：2

請輸入第二個整數：b
發生輸入非數值的錯誤！
一定會執行的程式區塊
```

```
請輸入第一個整數：2

請輸入第二個整數：0
發生 integer division or modulo by zero 的錯誤，包括分母為 0 的錯誤！
一定會執行的程式區塊
```

ch09\trymod.py

```
1   try:
2       a=int(input(" 請輸入第一個整數:"))
3       b=int(input(" 請輸入第二個整數:"))
4       r = a % b
5       print("r=",r)
6   except ValueError:
7       print(" 發生輸入非數值的錯誤 !")
8   except Exception as e:
9       print(" 發生 ",e," 的錯誤，包括分母為 0 的錯誤 !")
10  finally:
11      print(" 一定會執行的程式區塊 ")
```

程式說明

▶ 1-5　　輸入 a、b 兩數後求餘數後並顯示。

▶ 6-7　　先捕捉輸入非數值字元引起的錯誤 ValueError，本例顯示「發生輸入非數值的錯誤！」訊息。

▶ 8-9　　以「except Exception as e」捕捉其他所有的錯誤，包含「分母為 0 的錯誤」，並利用參數 e 顯示錯誤訊息。

▶ 10-11　不論是否發生錯誤，都會執行 finally 的這段程式碼。

 延伸練習

輸入兩個正整數，求兩數相除，以 try…except 捕捉發生的錯誤，包括輸入非數值資料和除數為 0 的錯誤。(<trydiv.py>)

IPython console
☐ Console 1/A ☒
請輸入第一個整數：**12**
請輸入第二個整數：**y**
發生輸入非數值的錯誤！

IPython console
☐ Console 1/A ☒
請輸入第一個整數：**15**
請輸入第二個整數：**0**
發生 division by zero 的錯誤，包括分母為 0 的錯誤！

9.4 單元測試

單元測試就是針對程式模組 (包括資料型別和方法等) 進行正確性檢驗的測試工作，這樣就可以在開發階段及早發現程式執行的錯誤。

9.4.1 unittest 測試

Python 的 unittest 模組可以做單元測試，測試時必須建立一個單元測試的類別，類別名稱可以自訂，但必須繼承 unittest.TestCase 模組。例如：建立 CalcTest 類別。

```
import unittest
class CalcTest(unittest.TestCase):
```

然後在 CalcTest 類別中建立要測試的方法，要測試方法名稱前必須加上「test_」關鍵字，例如建立 test_plus() 測試方法。程式架構如下：

```
import unittest
class CalcTest(unittest.TestCase):
    def test _ plus(self):
        // assert 斷言
if _ _ name _ _ == '_ _ main _ _':
    unittest.main()
```

在測試方法中會以 assert 方法作斷言，若斷言正確不會顯示錯誤訊息，若斷言錯誤就會顯示錯誤訊息。

以 unittest 模組的 main() 方法就可以執行所有的單元測試，也就是會執行所有以 test_ 關鍵字開頭的方法。

9.4.2 assert 程式斷言

單元測試方法中通常會使用 assert 斷言，unittest.TestCase 模組提供多種的 assert 方法。

assert 的方法很多，下列為較常用的方法：

斷言語法	說明
assertEqual(a, b)	判斷 a==b
assertNotEqual(a, b)	判斷 a ! =b
assertTrue(x)	判斷 bool(x) is True
assertFalse(x)	判斷 bool(x) is False
IassertIs(a, b)	判斷 a is b
assertIsNot(a, b)	判斷 a is not b
assertIsNone(x)	判斷 x is None
assertIsNotNone(x)	判斷 x is not None
assertIn(a, b)	判斷 a in b
assertNotIn(a, b)	判斷 a not in b
assertIsInstance(a, b)	判斷 isinstance(a, b)
assertNotIsInstance(a, b)	判斷 not isinstance(a, b)

assertEqual() 方法

assertEqual 斷言兩個參數值是否相等，語法如下：

```
assertEqual(first, second[, msg])
```

■ 測試 first 和 second 是否相等。如果兩個參數值相等，不會顯示錯誤訊息；
如果兩個參數值不相等，則測試失敗，顯示預設的錯誤訊息。

■ msg 為選擇性參數，用以自訂測試失敗時顯示的訊息。

例如：使用 assertEqual 測試 1==1 和 1==2。

```
self.assertEqual(1,1)
self.assertEqual(1,2)  #AssertionError: 1 != 2
```

測試 1==1 因為結果是 True，不會顯示錯誤訊息，測試 1==2 因為是 False，
因此會顯示預設的「AssertionError: 1 != 2」錯誤訊息。

assertIsInstance() 方法

assertIsInstance 斷言物件是否屬於指定的資料型別，語法如下：

```
assertIsInstance(obj, cls[, msg])
```

- 測試 obj 物件是不是屬性 cls 資料型別。如果為 True 不會顯示錯誤訊息；如果為 False 則測試失敗，顯示預設的錯誤訊息。

- cls 是資料型別，也可以是資料型別組成的元組 (tupple)。

- msg 為選擇性參數，用以自訂測試失敗時顯示的訊息。

 範例實作：單元測試測試自訂的函式

以單元測試自訂的 plus 和 minus 函式 (<unittest2.py>)。

```
Console 1/A

.F
==================================================================
FAIL: test_plus (__main__.CalcTest)
------------------------------------------------------------------
Traceback (most recent call last):
  File "C:\ch09\unittest2.py", line 7, in test_plus
    self.assertEqual(result,expected,"錯誤：{}不等於{}"
.format(result,expected))
AssertionError: 5 != 1 : 錯誤：5不等於1

------------------------------------------------------------------
Ran 2 tests in 0.001s

FAILED (failures=1)
```

ch09\unittest2.py

```python
1    import unittest
2
3    class CalcTest(unittest.TestCase):
4        def test _ plus(self):
5            expected=1
6            result=plus(3,2)
7            self.assertEqual(result,expected,
              "錯誤:{} 不等於 {}".format(result,expected))
```

```
8
9        def test _ minus(self):
10           expected=1
11           result=minus(3,2)
12           self.assertEqual(result,expected)
13
14   def plus(a,b):return  a+b
15   def minus(a,b):return  a-b
16
17   if _ _ name _ _ == ' _ _ main _ _':
18       unittest.main())
```

程式說明

▼ 1　　　　匯入單元測試的模組 unittest。

▼ 3-12　　建立繼承 unittest.TestCase 的 CalcTest 類別。

▼ 4-7　　　建立 test_plus 方法測試 plus 函式。

▼ 5　　　　期望得到的正確結是 1。

▼ 6　　　　result=plus(3,2) 會得到 plus 函式計算結果為 5。

▼ 7　　　　以 self.assertEqual() 斷言 result==expected，即斷言 5==1，因為
　　　　　斷言失敗，所以會傳回自訂的錯誤訊息「**AssertionError: 5 != 1：**
　　　　　錯誤：5 不等於 1」。

▼ 9-12　　斷言 result=minus(3,2) 計算結果是否為 1，因為斷言正確，所以不
　　　　　會顯示錯誤訊息。

▼ 14-15　建立 plus 和 minus 函式。

■ 利用 Python 內建的函式 open() 可以開啟指定的檔案，以便進行檔案內容的讀取、寫入或修改。

■ open() 函式中最常使用的參數是 filename、mode 和 encode，其中只有參數 filename 是必填，其他參數省略時會使用預設值。

■ filename 為讀寫的檔案名稱，它是字串型態，mode 設定檔案開啟的模式，它也是字串型態。省略 mode 參數，將預設為讀取模式。

■ encode 指定檔案的編碼模式，一般可設定 cp950 或 UTF-8。預設的編碼依作業系統而定，如果是繁體中文 Windows 系統，預設的編碼是 cp950，也就是記事本儲存為 ANSI 的編碼。

■ read() 會從目前的指標位置，讀取指定長度的字元，如果未指定長度則會讀取所有的字元。

■ readlines() 以串列傳回所有文件內容，包括「\n」跳列字元，甚至是隱含的字元。

■ readline([size]) 讀取目前文字指標所在列中 size 長度的文字內容，並將指標移到下一個字元位置，若省略參數，則會讀取一整列，包括「\n」字元。

■ 在 try…except 中最少必須有一個 except 敘述，將可能引發錯誤的程式碼寫在 try 敘述中，當有錯誤發生時，就會引發例外執行 except 程式區塊。else 及 finally 則是選擇性的，else 敘述是沒有發生錯誤時執行，而 finally 敘述則是無論例有沒有例外發生都會執行的程式區塊。

■ unittest 模組可以做單元測試，首先必須建立一個單元測試的類別，類別名稱可以自訂，但必須繼承 unittest.TestCase 模組。

綜合演練

一、選擇題

( ) 1. 以 open(filename[,mode][,encode]) 開啟檔案，下列何者是 mode 參數預設的模式？

(A) 讀取模式　(B) 寫入模式　(C) 附加模式　(D) 以上皆是

( ) 2. Python 提供何種內建函式，可以開啟指定的檔案，以便進行檔案內容的讀取、寫入或修改？

(A) file()　(B) input()　(C) open()　(D) output()

( ) 3. 下列何函式可以讀取一列字元？

(A) readable()　(B) read()　(C) readlines()　(D)get(ch)

( ) 4. 下列程式建立的檔案物件，可以執行何種動作？

```
f=open('file1.txt','w')
f.write("Hello Python!")
f.close()
```

(A) 讀取　(B) 寫入　(C) 可讀取也可寫入　(D) 以上皆非

( ) 5. 執行下列程式，下列顯示結果何者正確？

```
try:
    print(x)
except:
    print("y")
finally:
    print("z")
```

(A) x　(B) y　(C) xz　(D) yz

( ) 6. open(filename,mode,encode) 函式的參數中，其中只有哪一個參數是必填？

(A) filename　(B) mode　(C) encode　(D) 以上皆是

( ) 7. 如果作業系統是繁體中文 Windows 系統,預設的編碼為何?

(A) UTF-8　(B) cp950　(C) unicode　(D) GB2312

( ) 8. 下列有關 readlines() 的敘述,何者正確?

(A) 會讀取全部文件內容　(B) 以串列方式傳回

(C) 包括「\n」跳列字元,甚至是隱含的字元　(D) 以上皆是

( ) 9. 執行下列程式,下列顯示結果何者正確?

```
n=1
try:
    print(n)
except:
    print(" 變數不存在 !")
```

(A) 1　(B) n　(C) 變數不存在　(D) 以上皆是

( ) 10.在 try…except…finally 敘述中,無論例外有沒有發生都會執行下列哪些程式區塊?

(A) try　(B) except　(C) finally　(D) 以上皆是

綜合演練

二、實作題

1. 小智以readlines() 函式讀取文字檔 <in_a.txt>，計算出每一列的字元數 (包含結束字元)，並在每一列前面顯示。

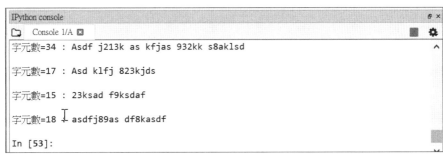

2. 小智改用 read() 函式讀取文字檔 <in_a.txt>，並統計出文章中共有幾個英文字母 A (包含 A 或 a)。

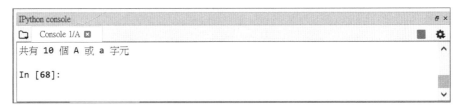

3. 阿國打字速度超慢，老師要他設計一個程式將輸入文字存至檔案中，直到按下 **Enter** 鍵才結束輸入。結束後將所有輸入的文字顯示出來並存入 <myFile.txt> 檔案中。

4. 阿吉設計一個輸入正整數 n 後，可以顯示 1、2…、n 數列的程式，但班上的除錯高手大福馬上發現這個程式有 bug，因為如果輸入的是非整數，程式會出錯並中斷執行，在大福的幫忙下，阿吉在程式中以 try…except 加入錯誤的捕捉，最後程式變得很完美。

5. 阿吉得到大福真傳後很高興的執行前例自己完成的程式，但他發現當輸入正整數 12 可正確執行，但輸入正數 12.5 後，程式又會出錯並且中斷執行。如下：

```
Console 1/A
請輸入正整數 n：12.5
發生輸入非數值的錯誤!
```

他想了很久還是不解，明明是輸入正數數值，為何會出現錯誤，於是又求救大福，大福教他以 except Exception as e 捕捉錯誤的資訊。

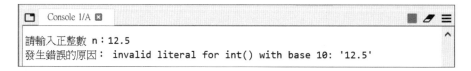

invalid literal for int() with base 10 的錯誤解決方式

在上題中，int() 因為強迫將浮點數格式的字串轉換為整數產生了錯誤。解決的方法是先將浮點數格式的字串轉換為浮點數，再使用 int() 轉換為整數。程式如下，這樣輸入浮點數就不會產生錯誤：

```
n=float(input("請輸入正數 n:"))    # 將浮點格式字串轉換為浮點數

n=int(n)                         # 將浮點數轉換為整數
```

Appendix

A

ITS 資訊科技專家
國際認證模擬試題
IT Specialist Certification - Python

一、使用資料類型和運算子執行操作

1. 你編寫了以下的程式碼：

```
list_1 = [1, 2, 3]
list_2 = [4, 5, 6]
list_3 = list_1 + list_2
list_4 = list_3 * 2
print(list_4)
```

執行程式碼的輸出值是？

( )A. [[1, 2, 3], [4, 5, 6], [1, 2, 3], [4, 5, 6]]

( )B. [4, 10, 18]

( )C. [1, 2, 3, 4, 5, 6, 1, 2, 3, 4, 5, 6]

( )D. [[1, 2, 3, 4, 5, 6], [1, 2, 3, 4, 5, 6]]

2. 你是運動 App 的程式設計師。你必須製作一個函式為跑者計算步速，所謂步速就是每公里所花的時間。輸出結果必須盡可能精準。要如何完成程式碼？請在回答區中選擇適當的程式碼片段。其中距離須轉換為浮點數，時間的輸入值都要轉換為整數。

```
# 步速計算器
distance = __(1)__ (input("Enter the distance traveled in meters"))
distance_kms = distance / 1000 # convert to kilometers
time_minute = __(2)__ (input("Enter the time elapsed in minutes"))
time_sec = __(3)__ (input("Enter the time elapsed in seconds"))
time = time_minute * 60 + time_sec
pace = time / distance_kms
print("The average velocity is" ,str((pace//60))+ ": str((pace%60)))
```

以上空格分別要填入的函式名為：

( )(1) A. int   B. string   C. float

( )(2) A. int   B. string   C. float

( )(3) A. int   B. string   C. float

3. 高年級的老師要製作一份報表來顯示這次考試班上所有學生的平均分數。

報表必須去除平均分數的小數部分。每個正確的答案都提供了一個完整的
解決方案。你應該使用哪兩個程式碼片段？

( )A. 平均分數 = float (全班總分 // 全班人數)

( )B. 平均分數 = int (全班總分 / 全班人數)

( )C. 平均分數 = float (全班總分 ** 全班人數)

( )D. 平均分數 = 全班總分 // 全班人數

4. 你正在編寫一個 Python 程式用來記錄客戶資料並將其儲存在資料庫中。這

個程式處理各種各樣的資料。以下的變數宣告後它們的資料類別是？請將
適合的程式碼片段⊙連到正確的回答區⊙。

程式碼片段		回答區
int	⊙	⊙ age = 12
bool	⊙	⊙ minor = False
str	⊙	⊙ name = "David"
float	⊙	⊙ weight = 64.5
		⊙ zip = "545"

5. 你編寫了以下的程式碼：

```
a = 24
b = 7
ans = (a % b * 100) // 2.0 ** 3.0 - b
print(ans)
```

執行程式碼的輸出值是？

( )A. 30

( )B. 30.5

( )C. 457

( )D. 語法錯誤

6. 你正在編寫一個計算使用者出生年份的程式。該程式詢問使用者的年齡和當前年份，然後輸出使用者的出生年份。你編寫以下程式碼。其中包含的行號只是做為參考。

```
01 age = input("Enter your age: ")
02 year = input("Enter the four digit year: ")
03 born = eval(year) - eval(age)
04 message = "You were born in " + str(born)
05 print(message)
```

請問下列何者是正確的？

( )A. 在 02 行中 year 的資料類型是 str。

( )B. 在 03 行中 born 的資料類型是 float。

( )C. 在 04 行中 message 的資料類型是 bool。

7. 在 Python 資料類型的課程中創建以下三個程式碼片段：

```
# Code segment 1
x1 = "5"
y1 = 4
a = x1 * y1
```

```
# Code segment 2
x2 = 10
y2 = 4
b = x2 / y2
```

```
# Code segment 3
x3 = 5.5
y3 = 1
c = x3 / y3
```

你需要評估程式碼片段。請問下列何者是正確的？(可多選)

( )A. 執行程式碼片段 1 後，變數 a 的資料類型為 str。

( )B. 執行程式碼片段 2 後，變數 b 的資料類型是 float。

( )C. 執行程式碼片段 3 後，變數 c 的資料類型為 int。

8. 在 Python 程式中我們利用 type() 查詢每個值的資料類別,以下的程式執行
後出現的資料類別分別是:

```
type(+1E10)
type(5.0)
type("True")
type(False)
```

( )A. int, int, bool, bool

( )B. float, float, str, bool

( )C. int, float, str, bool

( )D. float, int, str, str

9. 你加入了電子商務公司成為其程式開發部門的實習生。你的程式中有一個
地方要讓使用者提供一個數值。即使使用者輸入了小數,該值也必須轉換
為整數來進行計算。你應該使用哪個程式碼片段?

( )A. totalNums = input("How many items would you like?")

( )B. totalNums = int(input("How many items would you like?"))

( )C. totalNums = str(input("How many items would you like?"))

( )D. totalNums = float(input("How many items would you like?"))

10. 你設計了一個 Python 程式用來顯示每個員工每天工作到現在的小時數。你
需要計算工作時數並顯示訊息。程式碼如下:

```
01 start = input("What time do you start work today?")
02 end = input("what time is it now?")
03
```

如果要完成這個程式,在 03 行應該使用哪個程式碼?

( )A. print("You have worked for" + str(int(end) - int(start)) + " hours")

( )B. print("You have worked for" + (int(end) - int(start)) + "hours")

( )C. print("You have worked for" + str(end - start) + "hours")

( )D. print("You have worked for" + int(end - start) + "hours")

11. 你正在編寫 Python 程式用於計算一個數學公式。

公式內容為 b 等於 a 加上 5,然後再平方,其中 a 是輸入的值,b 是結果。
你設計了以下的程式碼片段:

```
01 a = eval(input("Enter a number for the equation:"))
02 b =
```

如何完成 02 行的程式碼?

( )A. b = (a + 5)**2

( )B. b = a + 5 **2

( )C. b = a + 5 * 2

( )D. b = a + (5 **2)

12. 你正在開發一個補習班的 Python 函式來計算折扣,補習班希望鼓勵小朋友
和老年人報名,只要是小朋友和老年人報名相關課程就會獲得10% 的折扣。
你編寫了以下程式碼:

```
01 def get_discount(kid, senior):
02    discount = 0.1
03
04       discount = 0
05    return discount
```

為了完成這個程式碼,你應該在 03 行加入什麼程式碼?

( )A. if not (kid or senior):

( )B. if (not kid) or senior:

( )C. if not (kid and senior):

( )D. if (not kid) and senior:

13. 你開發了一個比較數字的 Python 程式,下列何者的值是 True ?(可複選)

( )A. 0 or 5

( )B. bool(0)

( )C. None is None

( )D. -5 < 0 < 5

14. 計算以下的 Python 數學運算式：

對應章節 02

```
(3 * (1 + 2) ** 2 - 2 ** 2 * 3)
```

結果為何？

( )A. 3

( )B. 13

( )C. 15

( )D. 69

15. 你編寫了以下的程式碼：

對應章節 02

```
a = 'Test1'
print(a)
b = 'Test2'
a += b
print(a)
print(b)
```

根據程式碼片段中提供的資訊選擇每個問題的答案選項。

( )(1) 在第一次 print 後會顯示什麼？ A.Test1　B.Test1 Test2　C.Test2

( )(2) 在第二次 print 後會顯示什麼？ A.Test1　B.Test1 Test2　C.Test2

( )(3) 在第三次 print 後會顯示什麼？ A.Test1　B.Test1 Test2　C.Test2

16. 你為公司開發了一個 Python 應用程式，程式碼如下：

對應章節 02

```
01 def test(a, b, c, d):
02    value = (a + b) * c - d
03    return value
```

根據程式碼片段中提供的資訊選擇每個問題的答案選項。

( )(1) 運算式的哪個部份將第一個進行計算？ A.a+b　　B.b*c　　C.c-d

( )(2) 運算式的哪個部份將第二個進行計算？ A. 加 (+) B. 減 (-) C. 乘 (*)

( )(3) 哪個運算式等於題目函式中的運算式？

　　　A.(a+b)*(c-d)

　　　B.(a+(b*c))-d

　　　C.((a+b)*c)-d

17. 請按先後順序從頭至尾排列這六類運算的正確順序：

對應
章節
02

加法和減法 (+, -)

乘法和除法 (*, /)

正數 (+)、負數 (-) 與反位元 (not)

括弧

指數 (**)

且 (And)

( ) A. 加法和減法 -> 乘法和除法 -> 正數、負數與反位元 -> 括弧 -> 指數 -> 且

( ) B. 括弧 -> 指數 -> 正數、負數與反位元 -> 乘法和除法 -> 加法和減法 -> 且

( ) C. 指數 -> 乘法和除法 -> 正數、負數與反位元 -> 括弧 -> 且 -> 加法和減法

( ) D. 乘法和除法 -> 括弧 -> 正數、負數與反位元 -> 指數 -> 且 -> 加法和減法

18. 租車公司需要一種方法來決定客戶租用車輛的費用。該費用取決於車輛歸還的時間。然而，週四和週日也有特別的費率。費用結構如下所示：

對應
章節
02

- 費用是每天 100 美元。

- 如果車輛在晚上 11 點後返還，客戶將被多收取額外一天的費用。

- 如果車輛是在星期天租的，客戶可享受 10%的折扣。

- 如果車輛是在星期四租的，客戶可以享受 20%的折扣。

你需要撰寫程式碼去符合這個需求，要如何完成這段程式碼？

```python
# 車輛出租計算機
ontime = input("Was car returned before 11 pm? y or n").lower()
days_rented = int(input("How many days was car rented?"))
day_rented = input("What day was the car rented?").capitalize()
cost_per_day = 100
if ontime ___(1)___
    days_rented += 1
if day_rented ___(2)___
    total = (days_rented * cost_per_day) * 0.9
elif day_rented ___(3)___
    total = (days_rented * cost_per_day) * 0.8
else:
    total = days_rented * cost_per_day
print("Cost of the car rental is : $", total)
```

```
(  ) (1) A. !="n":         B. =="n":          C. =="y":
(  ) (2) A. =="Sunday ":   B. >="Sunday ":    C. is " Sunday ":
(  ) (3) A. =="Thursday":  B. <="Thursday":   C. is "Thursday":
```

19. 你設計了一個數學運算的 Python 程式，程式碼如下：

```
a = 11
b = 5
```

下列何者為每個數學運算式的結果？請由左方的結果項目的⊙連到右方的回答區中的⊙。

結果		回答區
1	⊙	⊙ print(a / b)
2	⊙	⊙ print(a // b)
2.2	⊙	⊙ print(a % b)

20. 你設計了一個比較數字的 Python 程式，內容如下：

```
01 n1 = eval(input("Please enter the first number:"))
02 n2 = eval(input("Please enter the second number:"))
03 if n1 = n2:
04     print("The two numbers are equal.")
05 if n1 <= n2:
06     print("Number 1 is less than number 2.")
07 if n1 > n2:
08     print("Number 1 is greater than number 2.")
09 if n2 <> n1:
10     print("The two numbers are the same.")
```

針對下列每個敘述，如果正確就選擇 Yes，否則請選擇 No。

A. 在 03 行的語法是不正確的比較。　　　　　　　( ) Yes ( ) No

B. 在 06 行的語法只有 n1 小於 n2 時才會列印出來。　( ) Yes ( ) No

C. 在 08 行的語法只有 n1 大於 n2 時才會列印出來。　( ) Yes ( ) No

D. 在 09 行的語法是不正確的比較。　　　　　　　( ) Yes ( ) No

21. 老闆要求你對以下程式碼除錯：

對應
章節
04

```python
x = 0
while x < 4:
    if x % 4 == 0:
        print("party")
    elif x - 2 < 0:
        print("cake")
    elif x / 3 == 0:
        print("greeting")
    else:
        print("birthday")
    x = x + 1
```

什麼將會輸出列印到螢幕上？

( )A. party
     greeting
     birthday
     cake

( )B. party
     cake
     birthday
     birthday

( )C. birthday
     party
     greeting
     cake

( )D. birthday
     greeting
     party
     cake

22. 在下列的程式碼中：

對應
章節
05

```python
aList = [0, 1, 2, 3, 4]
print(4 in aList)
```

會輸出列印的內容？

( ) A.4

( ) B.5

( ) C.True

( ) D.False

23. 你為公司開發了一個 Python 應用程式，設計了以下的程式碼：

```
aList = ["a", "b", "c", "d", "e"]
bList = [1, 2, 3, 4, 5]
print(aList is bList)
print(aList == bList)
aList = bList
print(aList is bList)
print(aList == bList)
```

根據程式碼片段中提供的資訊選擇每個問題的答案選項。

( )(1) 在第一次 print 後會顯示什麼？　　A.True　　B.False

( )(2) 在第二次 print 後會顯示什麼？　　A.True　　B.False

( )(3) 在第三次 print 後會顯示什麼？　　A.True　　B.False

( )(4) 在第四次 print 後會顯示什麼？　　A.True　　B.False

24. 同事開發一個將產品名稱輸入到資料庫的程式，但是其中發生了錯誤，每個存入的名稱字母順序都顛倒了。請你開發一個 Python 函式，將每個產品名稱以正確的順序輸出。請選擇適當的程式碼片段來完成程式：

```
# 函式會反轉字串中的字元。
# 以相反的順序返回新字串。
def reverse_pname(backwards_pname):
    forward_pname = ''
    for index in ___(1)___
        forward_pname += ___(2)___
    return forward_pname
print(reverse_pname("klim")) # test case
```

( )(1) A.backwards_pname

　　　　B.len(backwards_pname)

　　　　C.range(0,len(backwards_pname),-1)

　　　　D.range(len(backwards_pname)-1,-1,-1)

( )(2) A.backwards_name[index-1]

　　　　B.backwards_name[len(forward_name)-1]

　　　　C.backwards_name[len(backward_name)-len(forward_name)]

　　　　D.backwards_name[index]

25. 你有以下清單結構：

```
alph = "abcdefghijklmnopqrstuvwxyz"
```

以下各個程式碼片段的結果各是如何？請將回答區項目的⊙連到正確的程式碼片段的⊙。

程式碼片段

(1) alph[3:15]   ⊙

(2) alph[3:15:3]   ⊙

(3) alph[15:3:-3]   ⊙

(4) alph[::-3]   ⊙

回答區

⊙ A. zwtqnkheb

⊙ B. pmjg

⊙ C. defghijklmno

⊙ D. ponmlkjihgfe

⊙ E. defghijklmnop

⊙ F. dgjm

⊙ G. olif

26. 你為學校設計了一個 Python 應用程式，在 classroom 的清單中包含了 60 位同學的姓名，最後 3 名是班上的幹部。你需要分割清單內容顯示除了幹部以外的所有同學，你可以利用以下哪二個程式碼達成？

( ) A. classroom[0:-2]

( ) B. classroom[0:-3]

( ) C. classroom[1:-3]

( ) D. classroom[:-3]

( ) E. classroom[1:-3]

27. 你開發了一個 Python 應用程式，其中有一個名為 month 的清單儲存所有月份的英文。你要分割這個清單，取得由第二個月份開始，每間隔一個值的月份名稱，你應該使用哪個程式碼？

( ) A. month[2:2]

( ) B. month[::2]

( ) C. month[1::2]

( ) D. month[1:2]

28. 你設計了一個函式來執行除法，因為除法的除數不能為零，所以在函式中必須要針對這個重點進行檢查。你要如何完成這段程式碼？請在回答區選擇適當的程式碼片段。

對應章節 07

```
def safe_divide(numerator, denominator):
    ___(1)___
        print("A required value is missing.")
    ___(2)___
        print("The denominator is zero.")
    else:
        return numerator / denominator
```

( )(1) A. if numerator is None or denominator is None:

B. if numerator is None and denominator is None:

C. if numerator = None or denominator = None:

D. if numerator = None and denominator = None:

( )(2) A. elif denominator == 0:

B. elif denominator = 0:

C. elif denominator != 0:

D. elif denominator in 0:

29. 你設計了以下程式用座號來查詢學生的姓名。加上行號為參考之用。

對應章節 02

```
01 students = {1: 'John', 2: 'Mary'}
02 id = input('輸入學生座號：')
03 if not id in students:
04   print('該學生並不存在 .')
05 else:
06   print("學生姓名為： " + students[id])
```

同事們報告說程式有時會產生不正確的結果。

( )(1) 在 01 行中有哪兩種資料類型存儲在 students 字典中？

A. bool 與 string　　B. float 與 bool

C. int 與 string　　D. float 與 int

( )(2) 在 02 行中 id 的資料類型是什麼？

A. bool　B. float　C. int　D. string

( )(3) 在 03 行中為什麼會在 students 字典中找不到資料？

A. 語法不正確　　B. 資料型態不符合　　C. 變數命名錯誤

30. 你正在撰寫一個 Python 程式評估算術公式。

此公式描述為 X 等於 Y 乘以負一，然後再平方。其中 Y 是即將輸入的值，而 X 是結果。

你所建立的程式碼片段如下。加上行號僅為參考之用。

```
01 Y = eval(input("Enter a number for the equation: "))
02 X = □  □  □  □  □
```

請將適當的程式碼片段移至右側的五個空格中的正確位置，以完成第 02 行的程式碼。每個程式碼片段可能使用一次或多次，甚至完全用不到。

程式碼片段

A.-　　B.(　　C.)　　D.**　　E.**2　　F.2　　G.Y

(　)(1) BAGCE

(　)(2) ABGDF

(　)(3) AGDFE

(　)(4) BADCE

二、控制帶有決策和迴圈的流程

1. 你設計了一個程式要依學生的成績來顯示等級，它的規定如下：

Percentage range	Letter grade
90 through 100	A
80 through 89	B
70 through 79	C
60 through 69	D
0 through 59	F

例如，如果使用者輸入 90，則輸出應該是，" 你的成績為甲等 " 相同的，如果使用者輸入 89，則輸出應該為 " 你的成績為乙等 "。你要如何完成這段程式碼？請在回答區選擇適當的程式碼片段。

```python
# Letter Grade Converter
grade = int(input("Enter a numeric grade"))
   (1)
    letter_grade = 'A'
   (2)
    letter_grade = 'B'
   (3)
    letter_grade = 'C'
   (4)
    letter_grade = 'D'
else:
    letter_grade = 'F'
print("Your letter grade is :", letter_grade)
```

( )(1) A. if grade <= 90:　　B. if grade >= 90:
　　　 C. elif grade > 90:　　D. elif grade >= 90:

( )(2) A. if grade > 80:　　B. if grade >= 80:
　　　 C. elif grade > 80:　　D. elif grade >= 80:

( )(3) A. if grade > 70:　　B. if grade >= 70:
　　　 C. elif grade > 70:　　D. elif grade >= 70:

( )(4) A. if grade > 60:　　B. if grade >= 60:
　　　 C. elif grade > 60:　　D. elif grade >= 60:

2. 你要設計一款以使用者年齡進行電影分級的程式，必須符合以下要求：

- 任何 18 歲或以上的人會顯示 " 限制級 " 的訊息。
- 任何 13 歲或以上，但小於 18 歲的人都會顯示 " 輔導級 " 的訊息。
- 任何 12 歲或更年輕的人都會顯示 " 普通級 " 的訊息。
- 如果年齡未知，則會顯示 " 未知 " 的訊息。

你需要完成程式碼以符合要求，應該要如何完成這段程式碼？

```
def get_rating(age):
    rating = ""
    if    (1)
    elif    (2)
    elif    (3)
    else    (4)
    return rating
```

( )(1) A. age<13:rating=" 普通級 "   B. age<18:rating=" 輔導級 "
　　　 C. :rating=" 限制級 "   D. age==None:rating=" 未知 "

( )(2) A. age<13:rating=" 普通級 "   B. age<18:rating=" 輔導級 "
　　　 C. :rating=" 限制級 "   D. age==None:rating=" 未知 "

( )(3) A. age<13:rating=" 普通級 "   B. age<18:rating=" 輔導級 "
　　　 C. :rating=" 限制級 "   D. age==None:rating=" 未知 "

( )(4) A. age<13:rating=" 普通級 "   B. age<18:rating=" 輔導級 "
　　　 C. :rating=" 限制級 "   D. age==None:rating=" 未知 "

3. 你用學生的成績 (grade) 及排名 (rank) 編寫程式碼來決定最後成績：

```
if grade > 80 and rank >= 3:
    grade += 10
if grade > 70 and rank > 3:
    grade += 5
else:
    grade -= 5
```

當 grade=76，rand=3 時，執行程式碼的輸出值是？

( ) A. 71   ( ) B. 76
( ) C. 81   ( ) D. 86

4. 你正在編寫一個函式來判別負數與非負數。這個函式必須符合以下要求：

- 如果 a 是負數，則回傳 "The result is a negative number"。
- 如果 a 不是負數，則為非負數，再繼續判別。
- 如果 a 大於 0，則回傳 " 值是正數 "，否則回傳 " 值是零 "。

你要如何完成這段程式碼？請在回答區選擇適當的程式碼片段。

```
def reResult(a):
    ___(1)___
        answer = "The result is a negative number"
    ___(2)___
        ___(3)___
            answer = "The result is a positive number"
        ___(4)___
            answer = "The result is a zero"
    return answer
```

( )(1) A. if a < 0:　　B. if a > 0:　　C. else:　　D. elif:
( )(2) A. if a < 0:　　B. if a > 0:　　C. else:　　D. elif:
( )(3) A. if a < 0:　　B. if a > 0:　　C. else:　　D. elif:
( )(4) A. if a < 0:　　B. if a > 0:　　C. else:　　D. elif:

5. 你設計了一個電影票收費的函式，票價的規則如下：

- 5 歲以下 = 免費入場
- 5 歲及以上的學生 = 60 元
- 5 歲到 17 歲但不是學生 = 120 元
- 17 歲以上但不是學生 = 180 元

你要如何完成這段程式碼？請在回答區選擇適當的程式碼片段。

```
def ticket_fee(age, school):
    fee = 0
    ___(1)___
        fee = 60
    ___(2)___
        ___(3)___
            fee = 120
```

```
        else:
            fee = 180
    return fee
```

( )(1) A. if age >= 5 and school == True:
　　　 B. if age >= 5 and school == False:
　　　 C. if age <= 17
( )(2) A. if age >= 5 and school == True:
　　　 B. if age >= 5 and school == False:
　　　 C. if age <= 17
( )(3) A. if age >= 5 and school == True:
　　　 B. if age >= 5 and school == False:
　　　 C. if age <= 17

6. 你設計一個 Python 程式來檢查使用者輸入的數字是 1 位數、2 位數還是 2 位數以上，其中規定輸入的值必須是正整數。你要如何完成這段程式碼？

對應章節03

```
num = int(input("Enter a number with 1 or 2 digits: "))
digits = "0"
if num > 0:
        (1)
        digits = "1"
        (2)
        digits = "2"
        (3)
        digits = ">2"
    print(digits + " digits.")
elif num == 0:
    print("The number is 0")
else:
    print("The number is not a positive number")
```

( )(1) A.if num < 10:　 B.if num < 100：　 C.elif num < 100:　 D.else:
( )(2) A.if num < 10:　 B.if num < 100：　 C.elif num < 100:　 D.else:
( )(3) A.if num < 10:　 B.if num < 100：　 C.elif num < 100:　 D.else:

7. 你正在設計一個 Python 程式遊戲，讓參加的人從 1 到 100 之間猜一個數字，最多有三次機會。程式碼如下：

```
01 from random import randint
02 target = randint(1, 100)
03 chance = 1
04 print("Guess an integer from 1 to 10. You will have 3 chances.")
05
06   guess = int(input("Guess an integer:"))
07   if guess > target:
08     print("Guess is too high")
09   elif guess < target:
10     print("Guess is too low")
11   else:
12     print("Guess is just right")
13
14
```

程式可以讓使用者猜三次，如果猜出正確數字即停止程式。你要如何完成行號 05、13 及 14 的程式碼？請將回答區項目的⊙連到正確的程式碼片段的⊙。

回答區

A. 在 05 行你要使用哪個程式碼片段？ ⊙

B. 在 13 行你要使用哪個程式碼片段？ ⊙

C. 在 14 行你要使用哪程式碼片段？ ⊙

程式碼片段

⊙ while chance <= 3:
⊙ while chance < 3:
⊙ break
⊙ pass
⊙ chance += 1
⊙ while chance < 3
⊙ chance = 2

8. 在以下的程式碼中，要加入哪些程式碼片段讓 print 語法可以正確執行？你要如何完成程式碼讓 print 語法是正確的？請在回答區中選擇適當的程式碼片段。

```
aList = [1, 2, 3]
bList = ["a", "b", "c"]
    (1)
    print("aList is equal to bList")
    (2)
    print("aList is not equal to bList ")
```

( )(1) A. if aList == bList :   B. if aList == bList
       C.else :   D. else

( )(2) A. if aList == bList :   B. if aList == bList
       C. else :   D. else

9. 你設計了一個 Python 程式來檢查輸入英文姓名的大小寫，請在左方選擇四個程式碼到右方回答區中進行順序排列。

程式碼片段   回答區

A.
```
name = input("Enter your English name:")
```

B.
```
elif name.lower() == name:
  print(name, "is all lower case.")
```

C.
```
else:
  print(name, "is upper case.")
```

D.
```
else:
  print(name, "is mixed case.")
```

E.
```
if name.upper() == name:
  print(name, "is all upper case.")
```

F.
```
else:
  print(name, "is lower case.")
```

10. 公司決定要幫所有年薪不到 50 萬的員工調升基本工資 5%，並給予獎金 1

萬元，以下是計算公式：

```
新工資 = 目前工資 × 105% + $10000 獎金 .
```

程式會將每個人調整後的薪資料存入 salarylist 清單中。你要如何完成這段
程式碼？請在回答區選擇適當的程式碼片段。

```
# 清單中的每個人的工資都根據增加而更新 .

# 年薪 50 萬元以上的員工將不會得到加薪 .

# salarylist 是由員工資料庫中取得 , 程式碼不會顯示 .

    (1)

    if salaryList[index] >= 500000:

        (2)

    salaryList[index] = (salaryList[index] * 1.05) + 10000
```

( ) (1) A. for index in range(len(salary_list)+1):

B. for index in range(len(salary_list)-1):

C. for index in range(len(salary_list)):

D. for index in salary_list:

( ) (2) A. exit()

B. continue

C. break

D. end

11. 你設計了一個函式計算並顯示從 2 到 9 的所有乘法組合的九九乘法表。

你要如何完成這段程式碼？請在回答區選擇適當的程式碼片段。

```
# Displays times tables 2 - 9

def times_tables():

    (1)

        (2)

            print(row * col, end = " ")

        print()

# main

times_tables()
```

( ) (1) A. for col in range(9):

B. for col in range(2,10):

C. for col in range(2,9,1):

D. for col in range(10):

```
(    )(2) A. for row in range(9):
        B. for row in range(2,9,1):
        C. for row in range(2,10):
        D. for row in range(10):
```

12. 你設計了一個 Python 程式來顯示 2 到 100 中的所有質數,請將左方的程式碼片段排列到右方回答區的正確位置。

對應
章節
04

程式碼片段

回答區

A.

```
n = 2
is_prime = True
while n <= 100:
```

B.

```
n = 2
while n <= 100:
    is_prime = True
```

C.

```
break
```

D.

```
continue
```

```
if is_prime == True:
    print(n)
```

E.

```
n += 1
```

F.

```
for i in range(2, n):
    if n / i == 0:
        is_prime = False
```

G.

```
for i in range(2, n):
    if n % i == 0:
        is_prime = False
```

13. 你用 Python 設計了一個比大小函式，必須符合以下的需求：

- 函式有兩個參數：一個是整數清單（nums），另一個是一個整數（num）。
- 該函式必須將整數與清單中的數字進行比較。
- 如果在清單中找到一個比該整數大的數字，函式將會列印一條訊息，說明已經在清單中找到比該整數大的數字，並且停止搜索清單。
- 如果在清單中找不到比該整數大的數字，函式將會列印一條訊息，說明在清單中找不到比該整數大的數字。

你應該如何安排這些程式碼片段的順序來開發解決方案？請將適合的程式碼片段從程式碼片段清單移動到回答區，並按正確的順序排列。

程式碼片段

A.
```
for i in range(len(nums)):
```

B.
```
if nums[i] > num:
    print("A value greater  than
{0} is found in the list of {1}".
format(num, nums))
```

C.
```
else:
  print("A value greater than {0}
cannot be found in the list of
{1}".format(num, nums))
```

D.
```
        break
```

E.
```
def search(nums, num):
```

回答區

14. 你正在設計一個 Python 程式去驗證產品編號。

產品編號的格式必須為 **dd-dddd**，並且只包含數字和破折號。如果格式正確則程式必須列印 **True**，如果格式不正確，則列印 **False**。

你要如何完成這段程式碼？請在回答區選擇適當的程式碼片段。

```
     (1)
parts = ""
     (2)
       (3)
  product_no = input("Enter product number (dd-dddd): ")
  parts = product_no.split('-')
  if len(parts) == 2:
    if len(parts[0]) == 2 and len(parts[1]) == 4:
      if parts[0].isdigit() and parts[1].isdigit():
        (4)
  print(valid)
```

( )(1) A.product_no = ""　　B.product_no = "sentinel"

( )(2) A.while product_no != "":
　　　　B.while product_no != "sentinel":

( )(3) A.valid = False　　　B.valid = True

( )(4) A.valid = False　　　B.valid = True

15. 你正在設計 Python 應用程式。該程式將逐一查看數字清單，並在找到 4 時進行跳脫的動作。你要如何完成這段程式碼？請在回答區選擇適當的程式碼片段。注意：每個正確的選擇都可獲得一分。

```
nList = [0, 1, 2, 3, 4, 5, 6, 7, 8, 9]
index = 0
   (1)   (index < 10) :
    print(nList[index])
    if nList[index] == 4 :
        (2)
    else:
        (3)
```

( )(1) A. while　　　B. for　　C. if　　　　　D. break

( )(2) A. while　　　B. for　　C. if　　　　　D. break

( )(3) A. continue　　B. break　C. index += 1　　D. index = 1

16. 假設有一個存放著不同數字的清單，如果想要找出其中某個特定的數字出
現的次數，該如何完成以下程式？

```
def count_number(number, number_list):
    count = 0
    for ____(1)____:
        if ____(2)____:
            count += 1
    return count


number_list = [1, 2, 3, 4, 2, 1, 5, 2, 6, 2]
target_number = int(input("Which number would you like to count? "))
count_result = count_number(target_number, number_list)
print("The number", target_number, "appears", count_result, "times in
the list.")
```

( )(1) A. num in number_list

B. number in number_list

C. number_list in num

D. number_list in number

( )(2) A. num in number_list

B. num is number_list

C. num in number

D. num == number

17. 某個小型零售商店正在設計程式來計算他們的銷售額和平均銷售額。其中
定義了一個銷售額清單和兩個變數，該如何完成以下程式？

```
sales_amount = [100, 200, 150, 300, 250]
total_sales = 0
count = 0
for index in range(____(1)____):
    count += 1
    total_sales += sales_amount[index]
average_sales = ____(2)____
print("The total sales amount is:", total_sales)
print("The total sales average is:", average_sales)
```

```
(  )(1) A. len(sales_amount)
        B. 0, len(sales_amount)-1
        C. len(sales_amount)-1
        D. sales_amount
(  )(2) A. total_sales // count
        B. total_sales / count
        C. total_sales % count
        D. total_sales ** count
```

18. 你正在撰寫符合下列需求的程式碼，該如何完成以下程式：

 1. 允許使用者不斷輸入數字，直到輸入 -1 才結束程式。

2. 將輸入的數字加入清單，再逐一輸出每個清單中的元素值。

```
numlist = []
x = 0
____(1)____ x != -1:
    numlist.append(x)
    ____(2)____ n ____(3)____ numlist:
        print(n, end=',')
    print()
    x = int(input("Enter a new number or -1 to exit: "))
```

```
(  )(1) A. for       B. while      C. if      D. in
(  )(2) A. for       B. while      C. if      D. in
(  )(3) A. for       B. while      C. if      D. in
```

19. 你正在撰寫程式碼以使用星號建立 E 字形，其中需要輸出五行字串，其中

 第一行、第三行和第五行各有 4 個星，而第二行和第四行各有 1 個星，如下所示：

```
****
*
****
*
****
```

該如何完成以下程式？

```python
for row in range(1, ____(1)____):
    star_str = ""
    for column in range(1, ____(2)____):
        if (row % 2 != 0):
            star_str += "*"
        else:
            star_str = "*"
    print(star_str)
```

( ) (1) A. 3　　B. 4　　C. 5　　　D. 6

( ) (2) A. 3　　B. 4　　C. 5　　　D. 6

三、執行輸入和輸出操作

1. 在以下的程式碼：

```
import datetime
d = datetime.datetime(2018, 5, 16)
print('{:%m-%d-%y}'.format(d))
num = 1234567.89
print('{:,.2f}'.format(num))
```

執行程式後輸出的結果會是什麼？

( )A. 05-16-18

   1234567.89

( )B. 05-16-2018

   1,234,567.8900

( )C. 05-16-18

   1,234,567.89

( )D. May-16-18

   1,234,567.89

2. 老師正在設計一個 Python 程式，學生可以使用它來記錄他們考試的平均分數。該程式必須允許使用者輸入他們的名字和當前分數。該程式將輸出使用者名字和平均分數。輸出必須符合以下要求：

- 使用者姓名必須是靠左對齊的。
- 如果使用者姓名少於 20 個字元，則必須在右側添加額外的空間。
- 平均分數在小數點左方是三位數，小數點右方是二位數 (XXX.XX)。

你要如何完成程式碼？請在回答區中選擇適當的程式碼片段。
注意：每個正確的選擇都可獲得一分。

```
name = input("Please enter your name:")
score = count = 0
while (score != -1):
    score = int(input("Enter your score, -1 for done:"))
    if score == -1:
        break
```

```
      sum += score
      count += 1
  average = sum / count
  print("___(1)___, your average is ___(2)___"%(name, average))
```

( )(1) A. %-20i   B. %-20d   C. %-20f   D. %-20s

( )(2) A. %1.6s   B. %6.2f   C. %6.2d   D. %2.6f

3. 你正在設計一個函式以讀取資料檔案並將結果列印為格式化表格。資料檔案中包含有關蔬菜的資訊。每個記錄都包含蔬菜的名稱、重量和價格。

對應章節 02

你需要列印資料，使其看起來像下面的範例：

```
Potatos    5.4    2.33
Carrots    2.5    1.50
Corns      5.2    5.96
```

具體地說，列印輸出必須符合以下要求：

- 蔬菜名稱必須印在 10 個空格範圍內並靠左對齊。
- 重量必須印在 5 個空格範圍內並靠右對齊，小數點最多一個位數。
- 價格必須印在 7 個空格範圍內並右對齊，小數點後最多兩位數。

你創建了以下的程式碼。其中包含的行號只是做為參考。

```
01 def print_table(file):
02   data = open(file,'r')
03   for record in data:
04     fields = record.split(",")
05
```

你應該如何完成 05 行的程式碼？請將適合的程式碼片段選項填到正確的位置上。每個程式碼片段都可以使用一次、多次，或者不使用。

回答區

```
□ □ □ □ ".format(fields[0], eval(fields[1]), eval(fields[2])))
```

程式碼片段

A. print("   B. {10:0}   C. {5:1f}   D. {7:2f}   E. {2:7.2f}

F. {1:5.1f}   G. {0:10}

4. 你正在設計一個電子商務程式，它可以接受來自使用者輸入，並以逗號分隔的格式輸出資料。你可以編寫以下程式碼接受資料輸入：

```
product = input("Enter product name: ")
```

```
qty = input("Input quantity: ")
```

輸出必須符合以下要求：

- 產品名稱必須括在雙引號內。

- 數量不得用引號或其他字元括起來。

- 每個項目必須用逗號隔開。

你需要完成程式碼以符合要求。你應該使用哪三個程式碼片段？

( )A. `print('"{0}",{1}'.format(product, qty))`

( )B. `print('"' + product + '",' + qty)`

( )C. `print('"%s",%s' % (product, qty))`

( )D. `print("{0},{1}".format(product, qty))`

( )E. `print(product + ',' + qty)`

5. 請檢視下面的程式碼：

```
x = "Tiger"
```

```
y = "Lion"
```

```
z = "Jaguar"
```

```
animals = "{1} and {0} and {2}"
```

```
print(animals.format(x, y, z))
```

輸出的結果為？

( )A. Lion and Tiger and Jaguar

( )B. Lion and Jaguar and Tiger

( )C. Jaguar and Lion and Tiger

( )D. Tiger and Lion and Jaguar

6. 你為公司設計 Python 應用程式，需要接受來自使用者的輸入並將該資訊列印到螢幕上。你的程式碼如下：

```
01 print("Enter product name:")
```

```
02
```

```
03 print(product_name)
```

在 02 行應該編寫哪個程式碼？

( ) A. product_name = input()

( ) B. input(product_name)

( ) C. input("product_name")

( ) D. name = product_input

7. 有一個旅行社需要一個簡單的程式用來輸入合作飯店及民宿的調查資料。程式必須接受輸入並返回基於五顆星規模的平均評等，輸出必須四捨五入到小數第二位。你必須完成這個程式碼以符合需求。你要如何完成這個程式碼？請在回答區選擇適當的程式碼片段。注意：每個正確的選擇都可獲得一分。

對應章節 04

```
sum = count = done = 0
average = 0.0
while (done != -1):
  rating = ____(1)____
  if rating == -1:
    break
  sum += rating
  count += 1
average = float(sum / count)
____(2)____ + ____(3)____
```

( ) (1) A. print("Enter next rating (1-5), -1 for done")

　　　 B. float(input("Enter next rating (1-5), -1 for done"))

　　　 C. input("Enter next rating (1-5), -1 for done")

　　　 D. input "Enter next rating (1-5), -1 for done"

( ) (2) A. output("The average star rating for this hotel is:"

　　　 B. console.input("The average star rating for this hotel is:"

　　　 C. printline("The average star rating for this hotel is:"

　　　 D. print("The average star rating for this hotel is:"

( ) (3) A. format(average, '.2f'))

　　　 B. format(average, '.2d'))

　　　 C. {average, '.2f'}

　　　 D. format.average.{2d}

8. 你必須開發一個簡單的 Python 檔案程式來執行以下的動作：

- 檢查檔案是否存在。
- 如果該檔案存在，就顯示檔案內容。
- 如果該檔案不存在，就使用指定的名稱新增檔案。
- 在檔案最後加入文字： "End of file"。

你需要完成程式碼以符合要求。你要如何完成這段程式碼？請在回答區選擇適當的程式碼片段。注意：每個正確的選擇都可獲得一分。

```
import os
if     (1)
    file = open('theFile.txt')
        (2)
    file.close()
file =     (3)
    (4)     ("End of file")
file.close()
```

( ) (1) A. isfile('theFile.txt')
　　　　B. os.exist('theFile.txt')
　　　　C. os.find('theFile.txt')
　　　　D. os.path.isfile('theFile.txt')

( ) (2) A. output('theFile.txt')
　　　　B. print(file.get('theFile.txt'))
　　　　C. print(file.read())
　　　　D. print('theFile.txt')

( ) (3) A. open('theFile.txt', 'a')
　　　　B. open('theFile.txt', 'a+')
　　　　C. open('theFile.txt', 'w')
　　　　D. open('theFile.txt', 'w+')

( ) (4) A. Append
　　　　B. file.add
　　　　C. file.write
　　　　D. write

9. 你開發了以下的程式碼：

```
p = 2

n = 5

while n != 0:

    p *= n

    print(p)

    n -= 1

    if n == 2 : break
```

請問執行後會輸出幾行？

( )A. 5　　　　( )B. 4

( )C. 3　　　　( )D. 2

10. 你在測試以下程式碼時發現錯誤。其中包含的行號只是做為參考。

```
01 numList = [0, 1, 2, 3, 4, 5, 6, 7, 8, 9]

02 i = 0

03 while (i < 10)

04    print(numList[i])

05

06    if numList(i) = 6

07      break

08    else:

09      i += 1
```

你需要更正 03 行和 06 行中的程式碼。你要如何更正程式碼？

( )(1) 在 03 行中應使用哪個程式碼片段？

　　　A. while (i < 10) :

　　　B. while [i < 10]

　　　C. while (i < 5) :

　　　D. while [i < 5]

( )(2) 在 06 行中應使用哪個程式碼片段？

　　　A. if numList[i] == 6

　　　B. if numList[i] == 6 :

　　　C. if numList(i) = 6 :

　　　D. if numList(i) != 6

11. 你正在設計一個檔案的函式。如果檔案不存在,則返回 " 檔案不存在 "。如果該檔案存在,則該函式返回第一行的內容。請完成以下程式碼:

```
import os
```

```
def get_file_message(file):
```

你應該如何安排這些程式碼片段的順序來完成函式?請將適合的程式碼片段移動到回答區,並按正確的順序排列。

程式碼片段　　　　　　　　　　　　　　回答區

A.
```
    with open(file, 'r') as file:
```

B.
```
        return "File dose not exist"
```

C.
```
        return file.readline()
```

D.
```
    if os.path.isfile(file):
```

E.
```
    else:
```

12. 你設計一個 Python 應用程式,需要將資料讀寫到文字檔中。如果檔案不存在,則必須新增它。如果檔案已有內容,則將文字加到最後。你應該使用哪個程式碼?

( )A. open("file_data", "a+")

( )B. open("file_data", "a")

( )C. open("file_data", "r+")

( )D. open("file_data", "r")

13. 請問下列陳述式有何功能?

```
data = input()
```

( )A. 允許使用者在主控台中輸入文字

( )B. 建立 HTML 輸入元素

( )C. 顯示電腦上的所有輸入周邊裝置

( )D. 顯示允許使用者輸入的對話視窗

14. 你正在設計一個 Python 程式來讀取學生資料的檔案，文件中包含了學生的班級、座號和姓名，下面顯示的是檔案中的資料範例：

```
'1A', 1, 'David'
'1A', 2, 'Mary'
```

程式碼必須符合以下的需求：

- 檔案的每一行都必須讀取和列印。
- 如果遇到空行，則必須忽略。
- 在完成所有行的讀取後，必須關閉檔案。

你創建了以下的程式碼。其中包含的行號只是做為參考。

```
01 students = open("students.txt", 'r')
02 eof = False
03 while eof == False:
04   line = students.readline()
05
06
07     print(line.strip())
08   else:
09     print("End of file")
10     eof = True
11 students.close()
```

在 05 及 06 行你應該編寫哪些程式碼？

( )A. 05   if line != '':
       06   if line != "\n":
( )B. 05   if line != '\n':
       06   if line != "":
( )C. 05   if line != '\n':
       06   if line != None:
( )D. 05   if line != '':
       06   if line != "":

四、文件和結構代碼

1. 公司正在將過去的進銷存程式碼轉移到 Python，以下哪個是正確的語法？

   ( )A. `// Return the current revenue`
   ```
   def get_saletotal():
       return saletotal
   ```

   ( )B. `/* Return the current revenue */`
   ```
   def get_saletotal():
       return saletotal
   ```

   ( )C. `'Return the current revenue`
   ```
   def get_saletotal():
       return saletotal
   ```

   ( )D. `# Return the current revenue`
   ```
   def get_saletotal():
       return saletotal
   ```

2. 你設計一個函式，使用 Python 計算矩形的面積。在函式中有加入注釋，程式碼如下：

```
01 # The area_rectangle function calculates the area of rectangle
02 # x is the length
03 # y is the width
04 # return the value of x*y
05 def area_retangle(x, y):
06    comment = "# Retrun the value"
07    return x*y   # x*y
```

針對下列每個敘述，如果是正確的就選擇 Yes，否則請選擇 No。

A. 01 到 04 行在語法檢查時將被忽略。　　　　　　　　　( )Yes ( )No

B. 02 和 03 行中的井字符號 (#) 非必填的。　　　　　　　( )Yes ( )No

C. 06 行中的字串將被解釋為注釋。　　　　　　　　　　　( )Yes ( )No

D. 07 行包含內嵌注釋。　　　　　　　　　　　　　　　　( )Yes ( )No

3. 公司開發了一個 Python 應用程式，若想要在程式碼中加入附註，好讓其他團隊成員能夠了解。請問應該採取下列哪一項做法？

( )A. 在任何程式碼片段的 <!-- 和 --> 之間放置附註。

( )B. 在任何一行的 # 後面放置附註。

( )C. 在任何一行的 // 後面放置附註。

( )D. 在任何程式碼片段的 /**/ 之間置附註

4. 一家運動器材公司正在設計一個程式用來記錄客戶跑步時的距離，你設計以下的 Python 程式碼：

```
01
02    name = input("What is your name?")
03    return name
04
05    calories = kms * calories_per_km
07    return calories
08 distance = int(input("How many kilometers did you run this week?"))
09 burn_rate = 80
10 runner = get_name()
11 calories_burned = calc_calories(distance, burn_rate)
12 print(runner, ", you burned about ", calories_burned, " calories.")
```

在程式中必須要定義二個必要的函式。你將在 01 及 04 行中使用哪些程式碼片段？

( )A. 01 def get_name():

( )B. 01 def get_name(runner):

( )C. 01 def get_name(name):

( )D. 04 def calc_calories():

( )E. 04 def calc_calories(kms, burn_rate):

( )F. 04 def calc_calories(kms, calories_per_km):

對應章節 07

5. 你正在設計一個線上遊戲記分的 Python 應用程式。

需要符合以下條件的函式：

- 函式名為 calc_score
- 函式接收二個參數：目前分數和一個值
- 函式將值增加到目前分數
- 函式返回新分數

你要如何完成程式碼？請在回答區中選擇適當的程式碼片段。

```
   (1)     (2)
   current += value
   (3)
```

( )(1) A. calc_score   B. def calc_score
       C. return calc_score   D. function calc_score

( )(2) A. (current, value):   B. ():
       C. (current, value)   D. ()

( )(3) A. pass current   B. return current
       C. return   D. pass

 對應章節 07

6. 你正設計一個函式用來增加遊戲中的玩家得分。該函式有以下的要求：

- 如果沒有為變數 points 指定值，則 points 等於 1。
- 如果變數 plus 是 True，那麼 points 必須加倍。

程式碼如下：

```
01 def add _score(score, plus, points):
02    if plus == True:
03      points = points * 2
04    score = score + points
05    return score
06 points = 5
07 score = 10
08 new_score = add_score(score, True, points)
```

針對下列每個敘述，如果是正確的就選擇 Yes，否則請選擇 No。

A. 為了符合要求必須將 01 行更改為以下內容：

def add_score(score, plus, points = 1):　　　　( )Yes ( )No

B. 一旦使用預設值定義了任何參數，其右側的任何參數也必須使用預設值進行定義。

　　　　　　　　　　　　　　　　　　　　　　　　　( )Yes ( )No

C. 如果只用兩個參數呼叫函式，則第三個參數的值將為 None。　( )Yes ( )No

D. 03 行的結果會改變在 06 行中變數 points 的值。　　( )Yes ( )No

7. 你設計了以下的函式來計算薪水：

```
def getpay(hours=40, rate=25, qty=0, qtyrate=0, salary=0):
    overtime = 0
    if qty > 0:
        return qty * qtyrate
    if salary > 0:
        pass
    if hours > 40:
        overtime = (hours - 40) * (1.5 * rate)
        return overtime + (40 * rate)
    else:
        return hours * rate
```

針對下列每個敘述，如果是正確的就選擇 Yes，否則請選擇 No。

A. 呼叫 getpay() 函式會發生錯誤　　　　　　　　( )Yes ( )No

B. getpay(salary = 50000) 不會回傳任何值　　　　( )Yes ( )No

C. getpay(qty = 500, qtyrate=4) 回傳值為 2000　( )Yes ( )No

8. 請選取正確的選項以回答有關文件字串的問題：

( )(1) 請問哪些字元代表文件字串的開頭和結尾？

　　A.三個雙引號 (""")

　　B.二個雙引號 ("")

　　C.一個雙引號 (")

( )(2) 在記錄函式時，文件字串的標準位置在哪裡？

　　A.緊接在函式標頭後面

　　B.在函式標頭前

　　C.緊接在函式區塊前

(　)(3) 請檢閱下列函式，請問哪個命令可列印文件字串？

```
def cube(n):
    """Returns the cube of number n """
    return n*n*n
```

A.print(cube.doc)

B.print(cube.__doc__)

C.print(doc)

9. 請檢閱下列程式，行號僅為參考之用。

對應
章節
07

```
1   def productStore(category, product, brand = "none"):
2       """Display information about a product."""
3       print(f"\nYou have selected a product from the {category} category.")
4       if brand == "none":
5           print(f"The {category} you selected is a {product}")
6       else:
7           print(f"The {category} you selected is a {brand} {product}")
8       print(f"\nThe {category} would make a great purchase!")
9
10  category = input("What product category are you interested in?")
11  product = input("What product are you interested in?")
12  if category == "clothing" or category == "electronics":
13      brand = input("What brand are you interested in?")
14      productStore(category, product, brand)
15  else:
16      productStore(category, product)
17  productStore(brand="Apple", product="iPhone", category="electronics"
18  productStore("food", product="Chocolate")
```

回答區

1. 此函式會傳回一個值。　　　　　　　　　　(　)Yes (　)No

2. 第 14 和 17 行的函式呼叫無效。　　　　　　(　)Yes (　)No

3. 第 16 和 18 行的函式呼叫會產生錯誤。　　　(　)Yes (　)No

10. 下列函式會根據員工的年資來分配部門。如果員工的年資少於 3 年,則分配到營銷部門;如果年資介於 3 年到 6 年之間,則分配到銷售部門;如果年資超過 6 年,則分配到管理部門;如果年資不在這些範圍內,則分配到支援部門。

對應
章節
07

```python
def departmentAssignment(employee, years_of_service):
    """Assign department to employees based on seniority"""
    if years_of_service < 3:
        print(f"\n{employee.title()}, you are assigned to the marketing
department.")
    elif years_of_service >= 3 and years_of_service < 6:
        print(f"\n{employee.title()}, you are assigned to the sales
department.")
    elif years_of_service >= 6:
        print(f"\n{employee.title()}, you are assigned to the management
department.")
    else:
        print(f"\n{employee.title()}, you are assigned to the support
department.")
```

請問哪兩個函式呼叫是正確的?

( )A. name = input("What is your name?")

years = int(input("How many years have you been working
here?"))

departmentAssignment(name, years_of_service = years)

( )B. name = input("What is your name?")

years = int(input("How many years have you been working
here?"))

departmentAssignment(employee, years_of_service)

( )C. departmentAssignment("David", 4)

( )D. departmentAssignment(year = 4, name = "David")

五、執行疑難排解和錯誤處理

1. 在下列的語法敘述中，如果是正確的就選擇 Yes，否則請選擇 No。

A. 在 try 語法中可以有不只一個 except 子句。　　　　　( )Yes　( )No

B. 在 try 語法中可以不加 except 子句。　　　　　　　( )Yes　( )No

C. 在 try 語法中可以有一個 finally 子句與 except 子句。　( )Yes　( )No

D. 在 try 語法中可以有不只一個 finally 子句。　　　　　( )Yes　( )No

2. 你製作一個程式詢問使用者家中有多少個小孩，使用者必須輸入整數，如果輸入值不是整數，程式碼必須指出並要求重新輸入。你要如何完成程式碼？請在回答區中選擇適當的程式碼片段。

```
while True:
    ___(1)___
        x = int(input("How many children do you have? "))
        break
    ___(2)___ ValueError:
        print("Please make sure you entered an integer, please try
again...")
```

( )(1)A. try:　B. else:　C. except:　D. raise:　E. finally:

( )(2)A. try　　B. else　C. except　D. raise　E. finally

3. 關於 assert 方法的敘述，請在回答區中選擇適當的選項。

( )(1) 若要測試變數 x 與變數 y 的值是否相同，可以使用：

　A. assertis(x, y)

　B. assertin(x, y)

　C. assertEqual(x, y)

　D. assertIsInstance(x, y)

( )(2) 若要測試物件 x 與物件 y 是否相同，可以使用：

　A. assertis(x, y)

　B. assertin(x, y)

　C. assertEqual(x, y)

　D. assertIsInstance(x, y)

(　)(3) 若要測試串列中是否有某個值，可以使用：

    A. assertis(x, y)

    B. assertin(x, y)

    C. assertEqual(x, y)

    D. assertIsInstance(x, y)

4. 你需要測試某個物件是否為特定類別的執行個體，請問如何進行單元測試？

對應章節 09

```
    (1)    unittest
class TestIsInstance(    (2)    )
  def    (3)    :
    (4)
if __name__ == "__main__":
  unittest.main()
```

(　)(1) A. from

    B. include

    C. import

    D. use

(　)(2) A. TestCase

    B. unittest.TestCase

    C. unittest

    D. TestCase.unittest

(　)(3) A. test_isInstance()

    B. isInstance()

    C. test_isInstance(self)

    D. isInstance(self)

(　)(4) A. assertIsInstance(obj, cls, msg=None)

    B. self.assertIsInstance(obj, cls, msg=None)

    C. assertIsInstance(obj, cls)

    D. self.assertIsInstance(obj, cls)

5. 你需要撰寫執行下列工作的程式碼：

1. 呼叫 justdoit() 函式。

2. 如果 justdoit() 函式回傳錯誤，則呼叫 showError() 函式。

3. 呼叫 justdoit() 函式之後一律呼叫 shotResult() 函式。

你所建立的程式碼片段如下：

```
    (1)    :
    justdoit()
    (2)    :
    showError()
    (3)    :
    showResult()
```

該如何完成程式碼？

( )(1) A. assert   B. raise   C. except   D. try   E. finally

( )(2) A. assert   B. raise   C. except   D. try   E. finally

( )(3) A. assert   B. raise   C. except   D. try   E. finally

6. 下列函式會計算使用乘積之運算式的值。加上行號僅為參考之用。

```
1    def calc_product(a, b):
2        return a * b
3    num1 = input("Enter the first number: ")
4    num2 = input("Enter the second number: ")
5    result = calc_product(num1, num2)
6    print("The product is" + result)
```

請問下列每一項敘述是對或錯。

1. 第 02 行會造成執行階段錯誤   ( )Yes ( )No

2. 第 06 行會造成執行階段錯誤。   ( )Yes ( )No

3. eval 函式應該用於第 03 和 04 行。   ( )Yes ( )No

六、使用模組和工具執行操作

1. 在程式中要使用 datetime 模組中 datetime 函式,再設定 dt 為替代名稱,在導入時應該使用哪個程式碼片段?

   ( )A. from datetime as dt

   ( )B. from datetime import datetime as dt

   ( )C. import datetime from datetime as dt

   ( )D. import datetime.datetime as dt

2. 你設計一個讀取檔案後將檔案中的每一行列印出來的函式。程式碼如下:

```
01 def print_file(filename):
02   line = None
03   if os.path.isfile(filename):
04     data = open(filename, 'r')
05     for line in data:
06       print(line)
```

   當你執行該程式時,你會收到 03 行上的錯誤。導致錯誤的原因是什麼?

   ( )A. 你需要導入 os 模組。

   ( )B. path 方法並不存在於 os 模組中。

   ( )C. path 物件中不存在 isfile 方法。

   ( )D. isfile 方法不接受一個參數。

3. 你設計程式碼用來生成的隨機整數,最小值為 11,最大值為 20。你應該使用哪兩種函式?

   ( )A. random.randrange(11, 21, 1)

   ( )B. random.randrange(11, 20, 1)

   ( )C. random.randint(11, 20)

   ( )D. random.randint(11, 21)

4. 你設計程式碼用來生成的隨機整數，最小值是 0，最大值是 10。你應該使用哪個語法？

 對應章節 07

( )A. `random.random()`

( )B. `random.randrange(0.0, 1.0)`

( )C. `random.randrange()`

( )D. `random.randint(0, 10)`

5. 你設計程式碼來產生一個隨機數來符合以下要求：

 對應章節 07

- 數字是 2 的倍數。
- 最低的數字是 2。
- 最高的數字是 50。

哪兩個程式碼片段將符合要求？

( )A. `from random import randint`

      `print(randint(1, 25) * 2)`

( )B. `from random import randint`

      `print(randint(1, 50))`

( )C. `from random import randrange`

      `print(randrange(2, 51, 2))`

( )D. `from random import randrange`

      `print(randrange(2, 51, 1))`

6. 你正在設計一個處理數字的函式。該函式具有以下要求：

 對應章節 07

- 將浮點數傳遞到函式中
- 函式必須取浮點數的絕對值
- 函式必須無條件進位到整數

你應該使用哪兩個數學函式？

( )A. `math.fabs(x)`

( )B. `math.floor(x)`

( )C. `math.fmod(x)`

( )D. `math.ceil(x)`

( )E. `math.frexp(x)`

7. 你正在開發一個幫小朋友在戶外教學時隨機分配用餐桌號以及參加活動的
小隊群組的程式，你所建立的程式碼片段如下：

```python
import random
tables_assigned = [1]
table_number = 1
groupList = ["Red", "Blue", "Green", "Yellow"]
count = 0
print("Welcome to Outdoor Education Day!")
name = input("Please enter your name (Enter 'q' to quit): ")
while name.lower() != 'q' and count < 50:
    while table_number in tables_assigned:
            _____(1)_____
    print(f"{name}, your assigned table number is {table_number}.")
    tables_assigned.append(table_number)
    _____(2)_____
    print(f"You are in the {group} team for today's activities.")
    count += 1
    name = input("Please enter your name (Enter 'q' to quit): ")
```

該如何完成程式碼？

( )(1) A. table_number = random.randrange(1, 50)

B. table_number = random.randint(1, 50)

C. table_number = random(1, 50)

( )(2) A. group = random.choice(groupList)

B. group = random.sample(groupList)

C. group = random.random(groupList)

8. 你正在撰寫一個程式來顯示 My Fitness Class Schedule 的健身課表，行號僅為參考之用。

```python
1    import datetime
2    daily_schedule = ["Yoga", "Pilates", "Cardio", "Strength Training"]
3    weekend_schedule = ["Hiking", "Swimming", "Cycling"]
4    _____(1)_____
5    _____(2)_____
6    print("Fitness Class Schedule")
7    if today in ["Saturday", "Sunday"]:
8        print("Today's weekend classes:")
9        for activity in weekend_schedule:
10           print(activity)
11   else:
12       print("Today's classes:")
13       for activity in daily_schedule:
14           print(activity)
15   _____(3)_____
16   print(f"Next special event in {days_left} days")
```

請選擇正確的選項以完成第 04、05 和 15 行的程式碼。

(　　)1. 在第 04 行，擷取目前的日期。

      A. now = datetime.datetime.now()

      B. now = datetime.datetime()

      C. now = datetime()

(　　)2. 在第 05 行，擷取工作日。

      A. today = now.strftime("%T")

      B. today = now.strftime("%B")

      C. today = now.strftime("%A")

(　　)3. 在第 15 行，計算週剩餘天數。

      A. daysLeft = 6 - now.weekday()

      B. daysLeft = 6 - now()

      C. daysLeft = 6 - now.week()

【最新 ITS 認證第二版】Python 零基礎入門班(含 ITS Python 國際認證模擬試題)

作　　　者：文淵閣工作室
總 監 製：鄧君如
企劃編輯：王建賀
文字編輯：王雅雯
設計裝幀：張寶莉
發 行 人：廖文良

發 行 所：碁峰資訊股份有限公司
地　　　址：台北市南港區三重路 66 號 7 樓之 6
電　　　話：(02)2788-2408
傳　　　真：(02)8192-4433
網　　　站：www.gotop.com.tw
書　　　號：ACL071500
版　　　次：2024 年 07 月二版
　　　　　　2024 年 09 月二版二刷
建議售價：NT$450

國家圖書館出版品預行編目資料

【最新 ITS 認證】Python 零基礎入門班(含 ITS Python 國際認證
模擬試題) / 文淵閣工作室編著. -- 二版. -- 臺北市：碁峰資訊,
2024.07
　　面；　公分
　　ISBN 978-626-324-847-2(平裝)
　　1.CST：Python(電腦程式語言)
312.32P97　　　　　　　　　　　　　　113009509